Marketing Research（第四版）
市場調查

楊和炳 著

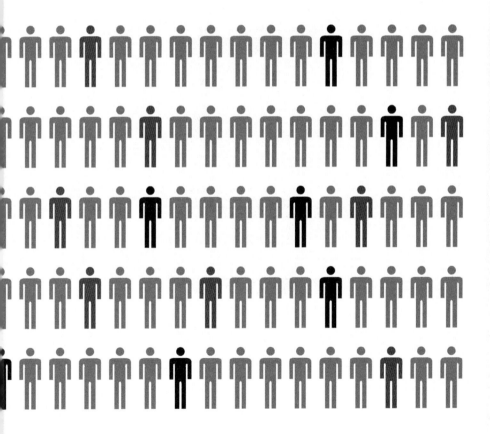

五南圖書出版公司 印行

　　根據美國行銷學會的定義，行銷研究是一種透過資訊將消費者、顧客、大眾與行銷者連結的功能，資訊用來確認與定義市場機會和問題，產生、修正和評估行銷行動，監測行銷績效，以及改進對行銷過程的了解。行銷研究首先確定針對上述議題所需的資訊、設計蒐集資訊的方法、管理與執行資料蒐集的過程、分析結果，將結果與涵義溝通。市場調查就是行銷研究中一種獲取市場資訊的重要方法。

　　行銷管理面臨的困境有二，首先是顧客的心理與行為很難預測，其次是廠商的外在環境變化快速難以捉摸。行銷工作者均竭盡所能希望探索上述的「黑箱」，所謂「行銷者，企業大事，死生之地，存亡之道，不可不察也」也不為過。市場調查受到近代科技突飛猛進的影響，方法與型態也跟著變遷許多，網路問卷的興起便是其中一例。

　　市場調查關係行銷決策甚大，行銷管理過程中需要行銷資訊系統源源不斷地提供市場資訊，而市場資訊的來源則仰賴市場調查，所以，市場調查在行銷研究中扮演很重要的角色，對企業經營者而言，可謂提供「策之，而知得失之計。作之，而知動靜之理。形之，而知死生之地。角之，而知有餘不足之處」的最佳決策資訊。

楊和炳

民國九十七年六月八日

陽明山大衛營

　　中國是一個古老的文化帝國，在十六、十七世紀以前獨步亞洲，傲視世界，直到十八世紀，歐洲人對中國文化仍非常嚮往。十七、十八、十九世紀以來，歐洲因工業革命、科學進步而興起，其強勢文化凌駕亞、非、美、澳，中國不得已而效習西洋，當然「市場調查」仍是此產物之一。

　　近年來臺灣產業面臨了許多挑戰和衝擊，諸如政治上的解嚴，政府推動國際化、民主化和自由化，臺幣大幅升值和美國保護貿易主義的抬頭，消費者主義和環保意識的興起，國內外市場競爭益趨激烈，以及社會環境快速變遷、產業結構調整和技術進步的要求等，迫使企業經營者為獲取及時有利之情報而焦頭爛額，甚而不惜花費大量經費以求取，而「市場調查」則為獲取此情報之最佳方法。

　　本書計分十一章，內容方面力求存菁去蕪，盡收精萃，並配合實例探討，適合大專院校一學期課程及社會人士參考之用。

　　本書的編寫付印，主要應感念父母親的養育、教誨和栽培之恩。筆者濫竽充數大專院校近二十餘年，承蒙淡水工商管理專校葉校長能哲博士之提攜培植，由衷感謝。筆者學植未固，錯誤之處在所難免，尚祈前輩專家不吝賜教斧正，是所企盼。

楊和炳　謹識

中華民國七十七年三月

目 錄 Contents

第一章

緒　論

CHAPTER 1

市場調查的概念

一　市場調查的定義

　　關於市場調查的定義，內容說者未必一致，但最廣泛被採用者為美國市場協會（American Marketing Association）所下的定義：

> "Marketing research is the gathering, recording, and analysing of all facts about problems relating to the transfer and sale of goods and services from producer to consumers."
>
> （所謂市場調查，乃是蒐集、記錄及分析所有有關物品或勞務由生產者移轉或銷售到消費者間所發生問題之種種事實。）

　　日本早稻田大學教授原田俊夫也對市場調查作如下之定義：

> 所說市場調查，就是商品、勞務或資金，由最初的供給者到需要者的過程中，許許多多交易之狀態、方法、內容等由社會的或經營的立場加以調

查，以期明瞭需要者的意向與供給者所取之態度的科學方法。

　　一般常將Marketing Research與Market Research均譯為市場調查，致使二者之涵義含糊不清，其實二者之間是有顯著區別的。Market Research只是Marketing Research中的一部分。Market Research指對於企業本身無法控制的環境，也就是競爭、需要、非市場營運成本（Non Marketing Cost）、商品分配結構（Structure of Distribution）及法律[1]等五個企業所無法控制的因素，予以調查；但Marketing Research則不僅對上述五個企業所無法控制的因素予以調查，而且對於企業本身可控制的諸要素，如製品、銷售通路、價格、廣告、人員銷售、地點等，所發生作用之程度，也包含在調查範圍內。

　　市場調查之特徵，不僅在於對資料觀察、推算，而且採用科學的方法，有組織地予以推行。又科學的方法與非科學的方法的區別，雖未盡明確，但L. O. Brown則曾提出如下三個指標：

　　　　第一，不受感情、習慣或傳統之拘束，經常針對事實分析、批評，藉能從中發現新的、創造性的科學構想。
　　　　第二，研究有一定之順序，如由調查計畫開始，資料的蒐集，分析結果的解釋、提示、採擇、實行等，這種順序隨著調查目的或調查對象而異。

---

[1] 法律深深影響決策及市場營運策略，如Robinson-Patman Act，在某種情況下，禁止以不同的價格對待不同之購買者。像這樣的法律，深切影響企業決定價格的自由。

第三，在一定的假設下，根據科學的方法，即係基於歷史的、歸納的、演繹的、分析的或實驗的方法，用統計學、會計學、社會學及其他方法來進行研究。

市場調查雖然包含有關市場營運業務管理的一切調查活動，但其主要者則為如下所述：

㈠有關產品計畫的調查

為瞭解消費者或商店對商品之品質、性能、設計、包裝、商標等意向，競爭商品的評價或與自己的商品比較，探索現有商品之新用途，是否從產品線（Product Line）剔除的檢討等必要資料的蒐集分析為目的所調查者。

㈡有關價格決定的調查

為新商品價格的決定、原有價格的變更等而調查者。

㈢有關廣告及銷售推廣的調查

為廣告及銷售推廣的效果測定及其他目的而調查者。

㈣有關銷售的調查

為銷售方法的改善、銷售員管理等必要資料的蒐集分析為目的所做之調查。

㈤有關設定銷售通路的調查

有關明確分配機構的結構、銷售通路的評價而調查者。

㈥有關實體分配（Physical Distribution）

為有關倉庫位置的決定、保管方法或運輸方法的改善、

決定適當庫存量等而調查者。

(七)有關銷售計畫的調查

為明瞭市場的特性、消費的實情、市場占有率及其他競爭情形、測定可能銷售量或銷售區域的潛在購買力、決定銷售區域或銷售配額等而調查者。

上述調查的資料來源，大致可分為二大類：

(一)內部資料

為由企業內部有關營業的各種記錄而得之資料。有業已完整者，有需重新整理者，有的需調查而作成者。

(二)外部資料

為由企業外部而得之資料。有既存資料，或加以整理利用者，以及實地調查而蒐集者。後者以消費者或商店為對象的情形較多。既存資料則係從政府統計局（如我國行政院主計處、經濟部、其他政府機關、銀行、廣告代理業、市場調查業、其他民間機構、大學及其他研究機構、產業界等）所發表者。

上述種種資料中，既存的資料稱為次級資料（Secondary Data），其他的資料稱為原始資料或初級資料（Primary Data）。

已蒐集記錄資料的分析，其主要方法有：

(一)一般的分析

係對於一般資料用數學或統計學上的方法算出百分比、平均數、相關係數、趨勢值等，或做成次數分配圖表等。

㈡銷售量分析（Sales Analysis）

　　係以銷售量為資料，有組織地加以研究、比較者。以市場地域、銷售機構、商品或產品線、顧客層等為單位，提出依銷售量情報為目的而做之分析。

㈢市場營運成本分析（Marketing Cost Analysis）

　　係以市場營運成本為資料，做有組織的分析，並且對Marketing管理的各部門提供必要的情報之分析，此為Marketing管理的重要手段。

二　市場調查的功能

　　市場調查為市場管理上不可或缺的重要工具，其主要功能在於為企業當局做決策時提供必要的情報。J. A. Howard教授於其所著《市場管理》一書中，曾提到在市場管理中，區分可控制因素與無法控制因素是決策過程中的根本問題之一。決策者必須先瞭解自己所能控制的因素及無法控制而必須去適應的因素。前者為企業的市場營運活動，也就是企業藉以適應環境的手段；後者為無法控制的環境。茲先以J. A. Howard教授的圖示說明如下：

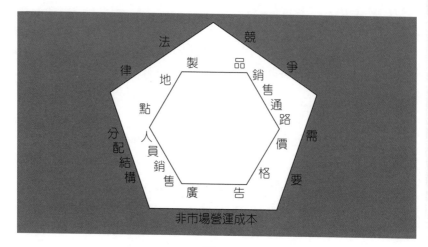

圖1-1

　　圖1-1中，外圍五角形的五個邊是指企業本身所無法控制的因素，此即競爭、需要、非市場營運成本（Non Marketing Cost）[2]、商品分配結構（Structure of Distribution）、法律。內圍六角形的六個邊表示企業為適應外圍環境而可利用的手段，如製品、銷售通路、價格、廣告、人員銷售、地點等（事實上，企業所能控制者當不只該六項，此處暫且以Howard之圖示說明）。

　　同時，E. J. McCarthy教授也有類似之論述（見圖1-2）：

---

[2]　非市場營運成本，如問題是在決定是否列$100,000或$125,000的廣告預算，則此時至少有二種成本發生：⑴廣告成本（此屬市場營運成本之一）；⑵由於廣告支出的效果，增加銷量，以致發生為增加產量而引起成本的提高，此即屬於非市場營運成本。以上所述的二種成本都會受決策的影響，但企業本身所能控制者，則只有廣告費之決定而已。

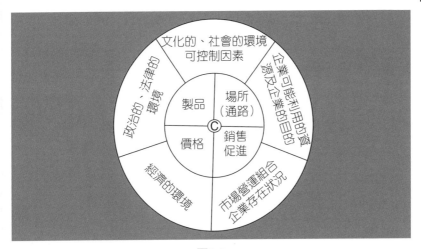

圖1-2

　　McCarthy教授以外圍的大圓圈表示無法控制的因素，有文化的、社會的環境，政治的、法律的環境，經濟的環境，企業存在的狀況（Existing Business Situation），以及企業可能利用的資源和企業之目的等五個因素（長期來說，此五個因素是可控制的；但就短期來說，是相當穩定的。基於這個理由，將之列為無法控制的因素）。內圍的小圓圈表示企業本身可控制的因素，有場所（通路）、銷售促進、製品、價格等。

　　由以上Howard及McCarthy二位教授之圖示，已知企業之可控制因素與無法控制因素之區分。因此，為使企業增加利益，企業的市場營運負責人的工作應該是如何地運用可控制的手段，以適應變動的環境。然而，企業所處的環境無時無刻不在變化，尤其在今日，「商場如戰場」，競爭日益激烈之時代，更是千變萬化。因此，為了要充分把握變化環境的情報，利用有效的策略，以求商場上的勝利，乃需積極地蒐集有效之情報，以供企業分析事實、決定策略之依據。

現在假如以商品的市場占有率（Market Share）減低為例，企業的決策當局為了挽救此一現象之發生，必須從許多市場營運手段中選擇最適宜的，或是從種種市場營運組合（Marketing Mix）中挑選最有利的方法來補救。在此種情形下，企業當局決定策略的程度，大抵可分為下列四個過程：

1.分析事實；確認問題之所在。

2.明白地確定解決問題可資利用的種種方法及其組合。

3.估計上述各種市場策略採行後可能的結果。

4.在這些估計的結果中，選擇較完美的解決方案。

因此，企業當局在作決策時，必須先分析事實，找出癥結之所在，並對各種解決手段的個別效果及其相互關係，與企業本身所無法控制的環境條件之關係等，須有深刻的瞭解，而這些又無一不是屬於廣義的市場調查的範疇。因此，市場調查可說是市場研究、市場管理上不可或缺的工具。

2 市場調查的發展原因、發展經過及其重要性

一 市場調查的發展原因

市場調查的發展原因有二：

1.近代工業社會中，生產與消費必須密切配合，才能互

相調適，促進經濟發展，而市場調查與研究工作乃是極能符合這個要求的工作。

　　2.由於工商企業發達之結果，使市場上之競爭日益激烈。因此，如何發掘市場潛力、明瞭市場需要、降低生產成本、溝通顧客意見，唯有以科學的市場調查去達到目的。

二　市場調查的發展經過

　　1.在十九世紀末及二十世紀初期，即已產生市場調查之觀念及活動，至一九一一年美國寇帝斯出版公司開始設立第一個市場研究組織。

　　2.一九一九年唐肯博士出版了第一本有關市場研究的書。

　　3.一九二〇年心理學家參與此一工作，市場調查開始受到社會之重視。

　　4.一九三〇年代統計學家加入此項工作，市場調查與研究工作始大見發展。一九三〇年代全美國的市場調查與研究專家不超過一千人，而經費只占商業研究預算的百分之二，但至二次大戰結束後，飛速發展。

　　5.至一九四八年全美有兩百多家專門公司，以一九六二年尼爾生公司一家的營業額來看，即已超過四千萬美元。

　　6.時至今日，歐美若干大的市場調查公司擁有員工千人及擁有直昇機和電腦等設備者已是常事，從而可以推知市場調查工作之重要及其前途之遠大。

三 市場調查的重要性

在近代工業社會，生產技術極為發達，資本累積相當雄厚，各種商品的種類及數量均大為增加，消費者已有充分之餘地選擇適合本身所需要的商品。因此，過去生產者決定市場供需的「賣者市場」，已逐漸轉變為消費者決定市場供需的「買者市場」（Buyer's Market）。目前生產者所面臨的問題，已經不是把自己逕行決定生產的商品如何推銷，而是如何事先瞭解消費者的需要，然後再配合這個需要從事生產及推銷活動，也唯有遵循這個原則的生產者，才能立足於「買者市場」中。

可是由於消費者人數眾多，並且散布在全國，甚至於全世界各角落，要確切地瞭解他們隨時可能發生變化的需要，除非使用科學化的特殊調查方法，否則實不易做到。此即前述之「以科學方法調查消費者需要的手段──市場調查」之所以被逐漸採用和發展之原因。

又此種消費者之需要，對於從事外銷的工商企業公司來說，更是需要事先調查清楚，才可以開始生產、外銷，否則如果以本國市場情法去推測外銷市場之情況，而沒有實地去調查外銷市場消費者之需要，將可能導致極大的危險，而遭受重大損失。可見市場調查實在可以左右一個企業的盛衰存亡，其重要性可得而知。

3　主辦市場調查的單位及機構

一　企業親自辦理市場調查時的主辦單位

　　辦理市場調查，如果本公司有這一方面的專才，最好由本公司親自辦理。最理想的情況是本公司本來已經設置市場調查的專責單位，在此單位內平常擁有市場調查的企劃專才及實地訪問人員。在此種情況下，無疑地，主辦市場調查的工作就由這個單位來承擔。

　　因為市場調查所需要的準備資料多數要由生產單位或銷售單位提供，而且調查結果也要生產單位或銷售單位執行，因此市場調查工作往往會牽涉到全公司各部分。為了使市場調查工作順利進行，市場調查專責單位最好直屬於公司的最高管理階層。圖1-3是對市場調查工作來說最為理想的組織圖。

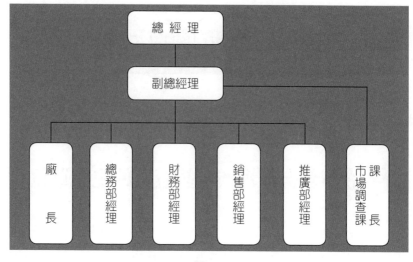

圖1-3

如果本公司沒有專責的市場調查單位，但有市場調查的專門企劃人才，那麼也可以臨時成立市場調查執行小組，由最高管理階層擔任名義上的負責人，交由該專門人才執行調查業務。這時的實地訪問調查人員，如果可由推銷員中調派最好，否則也可以臨時招聘臨時工作人員，處理實地訪問工作。

二 委託其他機構代為辦理調查時的委託對象

在一般情形下，一個公司一年難得辦理市場調查一次。由於平常並沒有儲備這方面的專才，因此多數情形都俟需要調查時，再委託以市場調查為主要業務的專門公司或機構代為實施調查，事實上這樣也比較經濟。

　　另一方面，即使有能力自行辦理市場調查，有時因為由第三者出面代為調查反而較為方便，此時也需要委託專門公司或機構辦理調查工作。

　　目前各國可以受託辦理市場調查的機構，有如下五大類：

(一)**市場調查公司**

　　是以市場調查為最主要業務的公司。此類公司只有在歐、美、日等工商業較發達的國家才能找到。

(二)**廣告公司**

　　大部分的廣告公司都可以兼辦市場調查，不過，此種公司所辦的市場調查主要以廣告主為對象，其調查的目的也偏重於蒐集將來廣告計畫的參考資料。

(三)**經營顧問**（**Management Consultants**）

　　一般經營顧問大部分都兼辦市場調查業務。目前臺灣也已經有數家類似的機構成立。

(四)**銀行及徵信機構**

　　這類機構大部分以較簡單的資料免費提供給顧客，在我國有部分徵信機構也可以收費代辦大規模的市場調查。

(五)**其他政府及民間機構**

　　除了以上所列較專門性之公司機構外，另有些政府機構，如美國商務部及日本貿易振興會等，均可以提供市場調查的服務。此外，也有很多同業公會等，也可以免費提供簡單的資料蒐集服務。

4 市場調查的分類

一 就調查內容而言

㈠需求調查

包括消費調查、市場潛力調查、商標地位分析、販賣分析等。

㈡供給調查

包括價格調查、販賣組織及販賣活動分析、分配途徑分析、銷售調查等。

需求調查與供給調查二者有其相關之處。

二 就調查偏重於量或質而言

㈠量的市場調查

又可分為計量的調查與計數的調查。此種調查只求量或數就行了，對於「為什麼」、「如何」則很少調查。

㈡質的市場調查

此種調查的對象必須性質內容均有相同之處，始能進

行，因此常因「問題過多」或「分類不易」而招致統計技術之困難。

三　調查是否於特定之時、地實施

㈠靜態的市場調查

　　此種調查要在特定之時間、地點實施。

㈡動態的市場調查

　　此種調查則是長期持續觀察，所以較為困難。

四　調查對象是否包括全體

㈠全體調查

　　又稱為「普查」，乃對於調查之母群體實施百分之百的完全調查，其調查結果雖然非常正確，但不易進行，對於時間、經費、人力均須付出極大的代價。

㈡抽樣調查

　　又稱為「抽查」，乃是應用統計學上的機率原理抽出適當的樣本進行調查。它的結果可能與實際有出入（即誤差），若出入不大，可以經過分析而調整此差異，但卻比全體調查來得經濟多了。

五　調查地區在國內或國外

㈠國內的市場調查

此種調查之範圍限於本國內，較易進行，因在國內環境較熟，資料情報取得也較方便。

㈡國外的市場調查

因語言、習慣、國民性、法律、政策等之不同，不易實施，在調查之時間、費用方面較國內的市場調查所須付出的代價為大。

六　調查之方法

⑴訪問法，⑵觀察法，⑶實驗法，此三種方法為蒐集原始資料的實地調查（Field Inquiry）方法，將留待第二章第二節中詳細論述。

第二章

市場調查的
方法

1 市場調查的程序

　　市場調查因對象與目的之不同而有種種的方法，但不管用何種調查方法均有一定之程序。若企業無計畫地實施調查，也僅是需要的調查或分析，而不能算是真正市場調查的意義。

　　市場調查之程序，基本上可分為以下三個階段：

㈠預備調查（Preliminary Procedure）：

　1.狀況分析（Situation Analysis）

　2.非正式調查（Informal Investigation）

㈡調查的計畫與實施（Planning & Conducting the Research）：

　1.擬訂調查計畫（Planning the Final Investigation）

　2.資料的蒐集（Collection of the Data）

㈢結果與建議（The Findings and Recommendations）：

　1.整理表格與分析（Tabulation and Analysis）

　2.解釋（Interpretation of the Results）

　3.編製報告書（Preparation of the Reports）

　4.實施結果之追蹤（Follow Up）

茲分述如後。

一　預備調查

可分為「狀況分析」與「非正式調查」來說明。

㈠狀況分析

第一步要根據企業內部的各種有關紀錄，以及既有的外部資料或過去所做的調查報告等，蒐集和分析本公司及競爭者的各種所謂活動的現成情報，以瞭解諸如商品、市場、銷售通路、銷售組織、廣告等企業本身及競爭企業的銷售活動狀況。此分析常因急於做正式調查而被忽略，但此種分析對於為了解決問題、提供適當的假設、明確調查的重點與應注意之事項、或避免既有資料之重複蒐集等非常有用。尤其在市場調查機構接受調查的委託時，狀況分析更是不可或缺的，而企業內部的市場調查部門，則一般具有此方面（即本公司及競爭者之各種行銷活動的狀況）之充分知識，故可省略此分析而進入次一步驟。

也有人認為此一分析會使調查與分析受先入為主之影響，故欲獲得較佳結果，宜委請局外者提供適當意見；但只要是依科學方法去分析，就不必有此種顧慮。相反地，省掉狀況分析而開始調查，則有如「閉門造車」般不實用。

因此，狀況分析之目的有三：

1.避免重複過去之研究工作，浪費人力和財力。

2.協助研究者瞭解問題之癥結，發掘研究之項目。

3.防止研究者在分析結果提出結論時誤入歧途。

㈡非正式調查

第二步要調查者實際對市場有直接之體會，俾對所應解

決之問題獲得適當推測的過程。此項調查可與消費者、零售業者、批發業者等直接面談，聽聽他們對產品及市場動態之看法。這些被訪問者之選擇不必依統計上嚴密之抽樣條件，可由較少者開始，逐漸擴增至可獲得滿意之結果即可。因為此種調查是非正式的，通常不用正式問卷、也不帶錄音機，儘量使被訪問者無拘無束、自由自在地發表意見，因而不易將調查結果列成表格或據此而提出一份統計報告，事實上也無此必要。如果有好幾個人一起參與非正式調查工作，則各人可就訪問結果提出簡單報告來互相討論。在非正式調查時，也有企業內部的有關主管、銷售員或廣告代理業者被選為面談對象之情形。若探討性研究已足夠行銷決策上的需要，則研究工作可到此為止，毋須再做進一步之調查。

二 調查的計畫與實施

(一)擬訂正式調查計畫

此為市場調查之全部過程中最重要的階段，必須儘可能依照下述步驟按部就班地擬訂計畫。

1.確定調查之目的

根據狀況分析及非正式調查所得之結果，以確定調查之目的。市場調查有時在較不明確的目的下開始進行，如「因某商品的銷路差而調查其原因」等；但有時則在較明確的目的下進行，如「調查現行的價格是否適當？」等。不管屬於哪一種，在狀況分析及非正式調查中，可得到許多假定。如

以前者來說，就有商品的價格、品質、銷售通路、廣告方法、競爭商品等情形，經一一檢討後，若以「因甜味不合消費者口味而銷路減退」的假定最為重要，就會決定以「調查有關甜味的消費者嗜好」為目的。總之，對於在狀況分析及非正式調查所得之許多假定中，要一一評估其價值，選擇少數比較有價值而可行的調查項目或假設作為調查之目的。調查之目的及假定應力求明確，不宜含糊。

2.決定資料種數及其蒐集方法

　　根據調查之目的及假定，調查人員應將為達成調查目的所需的資料條列而成資料清單，然後決定資料來源。此種資料，已如前述，通常可分為初級資料與次級資料二類，前者為原始資料，即為特定研究目的直接蒐集之資料；後者為公司內的現有資料。蒐集次級資料僅需極少之時間與費用，甚至免費，故若有合適可用的次級資料，最好能優先利用；但次級資料係因種種不同之動機而做成的，故利用時應就下述幾點充分檢討資料的有用性與正確性：(1)編製資料之機構、機關，由其事業之目的與經歷等觀之，是否可信賴；(2)就調查對象及其他，檢討資料內容是否適合於目前調查之目的；(3)從抽樣方法及其他，檢討資料內容是否正確。

　　若無合用的現有資料可供利用而需蒐集初級資料時，應決定蒐集資料的方法。蒐集初級資料的實地調查方法，主要有詢問法、觀察法及實驗法等三種，將於本章第二節詳細論述。

　　初級資料與次級資料孰為有用，因調查目的而異，但一般而言，測定銷售可能量及其他市場方面的分析是用次級資料；推定消費者的嗜好及其他質方面的分析，則用初級資

料,尤其有賴於實地去調查始可。但對於一種假定,多數可二者並用,且各種場合都有很多資料來源,故應依各個假定或調查目的,列舉可利用資料之蒐集方法,檢討得失及其實施之可能性,以選擇其中較有效者。

3. 準備蒐集資料的格式

為便利資料之處理,應準備統一標準化的格式。若採用「詢問法」來蒐集原始資料,應準備問卷;若採用「觀察法」,應準備記錄觀察結果的登記表;若採用「實驗法」,應設計進行實驗時所需的各種表格。在設計格式時,應時時考慮到訪問對象的教育程度、方言等因素。

4. 抽樣

應先根據調查之目的確定研究之母群體,然後決定樣本之性質、大小及分配。若採用「詢問法」,應決定要訪問多少人、如何分配;若採用「觀察法」,應決定觀察之次數及地點;若採用「實驗法」,應決定實驗之地點、時間長短,以及實驗單位之種類及數目等。

樣本愈大,調查的結果愈可靠;若樣本過小,將影響結果的可靠程度;但樣本過大也是一種浪費,故樣本的大小應以適中為宜。決定樣本的大小,應考慮到四個因素:(1)可動用的研究經費,(2)能被接受或被允許的統計誤差,(3)決策者願意去冒的風險,(4)研究問題的基本性質。

5. 預試(Pretest)

在進行大規模的調查之前,先做小規模的調查,根據預試(即事前調查)的結果,再做一切必要之修正。預試之目

的，在找出問卷、觀察方法或實驗過程中潛在的問題。譬如問卷中的語句可能含混不清，容易引起誤解；這些毛病若能在預試中發現，自應在正式調查之前即加以改正。

6.編製預算

即估計進行一項市場調查作業所需的各項費用，編製詳細預算。一個正式的市場調查計畫通常包括：(1)調查目的及理由之說明，(2)調查過程中所需的一切格式及時間進度表，(3)樣本性質、大小及分配之詳細說明，(4)預算。

(二)資料的蒐集

依照正式調查計畫蒐集所需之資料。蒐集資料時，應儘可能根據調查計畫中所提出之抽樣方法進行抽樣，然後再派員做實地調查。最有問題的是實地調查，此乃因為有許多調查員參與工作，故訪問員、觀察員或實驗人員之選擇、訓練及監督應特別重視；如果這些資料蒐集人員未能按照調查計畫去實地蒐集資料，可能使整個調查作業失去價值。不管調查計畫如何周詳細密，在實地蒐集資料時，往往會發生一些預料不到的問題，因此在實地蒐集資料期間，必須經常查核、監督和訓練資料蒐集人員，和他們保持密切連繫。

三 結果與建議

(一)整理表格及分析

整理調查之結果，做成統計表格，並予以分析找出統計

意義之過程。編表與分析之過程，通常分為下述四個步驟：

1.整理初級資料

由實地蒐集資料編表時，首先需檢查初級資料（調查表），將矛盾、可疑或顯然不正確的部分剔除，補充不完全的回答，統一數量單位，適當地分類回答等，做編修及整理工作，以供列表之用。

2.證實樣本的有效性

企業主管經常懷疑市場調查中樣本的真實性，調查人員若能證實樣本的有效性或可靠性，自能增加企業主管對調查結果的信心。

證實樣本有效性之方法有好幾種，如係利用機率抽樣法，可估計樣本本身的統計誤差；如係採用配額式（Quota）抽樣法，應先決定樣本是否夠大，即樣本之穩定性如何，然後和其他來源相對照，以查看樣本的代表性。查核消費者樣本時，最常用的辦法是將樣本和普查的資料相比較，看看二者之間在性別、年齡、經濟階層等種種特徵方面是否有重大差異；若為工業研究，可比較樣本和普查結果在廠商的大小、類型、地點等各方面的情形；若以中間商為樣本，則可比較樣本和普查資料中有關商店大小、經銷商品、商店類型的分配情形。

3.編表

將調查結果以最簡單、最有用的方式表列出來。

4.統計分析

利用統計方法來分析和解釋結果。

(二)解釋結果

根據彙集的調查結果，對於問題提出解決方案的過程，可由統計表上分析所顯示的事實，推測其對企業所具有之意義，譬如對企業之行銷活動以建議的方式予以解釋。儘管是精密的調查，倘對此無貢獻，則此調查便是無意義的。為了解釋成功，可將統計的事實演繹成具有理論性，必要時與許多經濟或經營的現象予以綜合研究、評價。前者的理論解釋，有不少為後者所修正。為使所做之解釋能為企業所用而具有有用性，就必須具體而直接有用地表現，如指出企業若照所提建議去做，則可增加多少銷售之預測等。

(三)編製並提出報告

此為調查之結果，向企業主管人員或其他有關人員報告，並提出有關行銷政策的建議或結論之過程。此種報告大致分成二類：一為技術性報告（Technical Report），一為一般通俗性報告。前者為有關調查的總括的、科學性的報告，其內容要有詳細而科學的文件資料，以及調查證據；後者則主要是向企業主管報告而做成的，應以生動的方式說明調查的重點及結論。一般研究、調查報告通常均包括這二類報告，茲分別敘述如下：

1.技術性報告

一份技術性報告之內容大致如下：

(1)結果的摘要：主要發現的摘要說明。

(2)調查的性質：包括調查的目的、問題之形成、調查之

　　假設及所需資料的一般說明。

(3)調查的方法：除了說明所採用的調查方法之外，還要進一步說明為何採用此種方法，有何優點或限制。有關樣本設計，如樣本大小、樣本選擇等，均應詳加敘述。

(4)資料類型及來源：應詳細討論所用資料的類型、來源、特性及限制，而樣本的反應率及代表性亦應加以討論。若採用次級資料，應說明資料的原始來源及蒐集方法。

(5)資料的分析及研究之結果：此為技術性報告的主要部分。

(6)結論：綜合說明調查之發現及其限制，並討論其對所調查之問題乃至未來的企業決策所具有的意義。

(7)參考資料文件。

(8)技術性的附錄：包括所用的數學方法、分析技術，以及資料蒐集的表格（如問卷、介紹信等）。

(9)補充性的資料。

2.一般通俗性報告

　　乃是為了向主管會議而做成，是技術性報告的摘要，內容要力求簡明而且有說服力，但力求簡要並非過度簡單以至於失去原義。此種一般性報告應講究寫作的技巧和圖表的運用，並宜強調實務及對企業政策的意義，以增加吸引力。一份通俗性報告的內容大致如下：

(1)調查的發現及其意義：特別強調最有興趣的發現，並從一種作業或實務上的觀點來說明這些發現在企業決策上的意義。

(2)建議事項：根據研究的發現提出可行的建議。

(3)調查的目的：說明問題的由來及此一專案調查之目的。

(4)調查的方法、技術及資料的簡短說明：此種說明，應該是非技術性的通俗說明。

(5)結果：調查結果的敘述應力求清晰簡明，少用特殊的術語。

(6)技術性的附錄：有關調查方法及所用表格等較詳細的說明應附在附錄中。

(7)補充性的資料：係指與調查之目的有關、但不宜列入報告正文中的那些圖表。

㈣實施結果之追蹤

「追蹤」（Follow-Up）係指追查調查報告中的建議有多少被採行，實施之後又產生多大效果。市場調查人員應積極參與追蹤工作，由於市場調查人員與調查問題的密切接觸，他們的知識對實施其建議事項時極為重要。在追蹤過程中，調查人員或許會發現有重新分析結果、修改建議的必要。讓市場調查人員實際參與追蹤工作，將建議付諸實施，也是給市場調查人員一個訓練和教育的好機會。

　　上述市場調查的程序，並非絕對的或是一成不變的。事實上，調查的程序往往因人、因時或因地而異，調查問題的性質和範圍不同，也會影響進行調查的程序。此外，在同一時間內同時進行幾個步驟的調查作業之情況，也是屢見不鮮的，譬如當狀況分析工作尚未完成時，次一步驟的作業——非正式調查——可能已經開始了。不過，有一點須特別注

意，即在前一步驟之作業尚未完成前，後一步驟之作業不可提前結束，因為在實際的調查過程中，前一個步驟之結果常會影響到後一個步驟的作業。

2 實例研討

淡海化妝品公司剛發展出一種新香皂，為了要瞭解新香皂在市場上的競爭能力，特委託某一市場調查機構進行此項產品在市場上競爭能力的調查研究工作。

第一階段：預備調查

㈠狀況分析

從該公司及競爭者的現成資料中獲知下列行銷情報：

1.香皂工業的廣告費用龐大，對各種促銷活動極為重視。

2.該公司產銷一種香皂已有多年歷史，但花在這產品的促銷費用遠較競爭者為少，所用的推銷技術及廣告方法也較競爭者為差。

3.香皂已有很大的市場。

4.該公司目前產銷的香皂（原來生產之香皂）之銷售量逐年減少。

5.要擴大該公司香皂的銷售量，有賴於產品之改良及促

銷活動之加強。

　　6.香皂部門只是該公司營業中之一個次要部門。

㈡非正式調查

　　從消費者、中間商及有關管理人員的訪問中獲知：

　　1.消費者使用許多種不同品牌的香皂。同一家庭中經常使用數種不同品牌的香皂，個別消費者亦經常使用不同品牌的香皂。

　　2.消費者家中經常儲存許多香皂。

　　3.香味、包裝的大小和形狀，都是消費者選擇香皂品牌的重要考慮因素。

　　4.價格也是重要考慮因素之一，特價廉售對消費者的吸引力很大。

　　5.香皂的最重要零售商店是雜貨店，但藥妝店也逐漸成為重要的銷售商店。

　　6.零售商認為他們經銷的香皂品牌已經夠多了，因此除非給予優厚的報酬或個別的獎勵，零售商無意再經銷一種新的品牌。

　　7.零售商經銷香皂的利潤並不高。

　　8.大多數被訪問的零售商指出，最暢銷的品牌是白蘭香皂。

　　9.該公司管理當局瞭解到有大力推出一種新香皂的必要，以鼓舞香皂部門員工的士氣。

第二階段：擬訂正式調查計畫及實地蒐集資料

(一)擬訂正式調查計畫

1.確定研究之目的

在狀況分析和非正式調查後，幾經研討，決定調查的目的有二：

(1)確定產品設計部門發展出來的新香皂一旦上市後被消費者歡迎的程度。

(2)確定消費者最喜歡的香皂之特徵，如香味、顏色、包裝的大小和形狀等。

調查研究假設如下：

「新香皂經過必要的小改良之後，將受到消費者的喜愛，一旦上市，將可暢銷，有利可圖。」

2.決定資料之種類及來源

本調查之重點在瞭解消費者對新香皂的偏好程度，同時新香皂在決定大量上市之前產量有限，因此決定以消費者為資料來源，採用人員訪問方式進行調查。

3.準備蒐集資料的表格

本調查採用詢問法，必須設計問卷。問卷中包括二個主

要項目，一是有關消費者的消費習慣，如使用香皂的數量、目的、場合及品牌的情形；一是消費者對新香皂的反應及偏好程度。

4.抽樣

本調查之重點在一種新產品，屬於產品研究之範圍，依行銷研究的一般實務經驗，通常是在一地區內抽選二百到三百個樣本。配額式的抽樣方法已被證明適用於產品調查，故決定採用配額抽樣法，選擇有代表性的香皂消費者為樣本。抽樣地區限於大城市，因為在大城市銷售成功是整個行銷工作成功的關鍵。

5.預試

先訪問若干消費者，結果證明問卷可行。

6.編製預算

根據上述所需編列詳細預算。

㈡蒐集資料

1.抽樣

決定選三個城市為抽樣地區，從各區中各選出二百戶左右為樣本。選樣程序是先選擇若干有代表性的街道區，然後以選定的街道區四周的街道之第二戶為樣本。

2.實地蒐集資料

對訪問員的選擇、訓練和監督十分注意，故能順利完成

實地蒐集資料的工作。

第三階段：整理調查結果與分析

㈠整理表格及分析

1.整理初級資料

監督人員仔細檢查送回來的問卷，逐一改正或刪除可疑之處，有些錯誤屬訪問員的筆誤和疏忽，最嚴重的錯誤似乎是訪問員為了方便訪問之進行而給予提示，使答案與事實不符。有些問卷錯誤嚴重，只好捨棄不用，以避免因蒐集資料時發生的錯誤而影響結果的正確性。

在問卷中問到使用某品牌香皂的時間有多久，有的答幾個星期、有的答幾個月或幾年，時間單位不同，列表困難，故均加以劃一，以月為單位。

問卷中還問到為何使用某品牌的香皂，答案用詞多不相同，但大約有百分之八十的答案可以歸併入五大類。為便於編表，均予以歸類。

2.證實樣本的有效性

本調查採用「配額式抽樣法」，將被訪問者的年齡、經濟階層的分配情形和人口普查的資料相比較，並無重大之差異。

3.編表

問卷中的相關問題均綜合列表，按照每戶家庭的大小、經濟階層、香皂的種類及品牌來編表。

4.統計分析

諸如計算使用各種主要顏色、形狀、大小、香味的家庭百分比，以次數分配表示使用各種香皂之時間長短的家庭百分比，求取各種有關的相關係數等。

(二)解釋調查之結果

從統計分析中發現：

1.新香皂比舊香皂已有若干改進，較少消費者不歡迎（21%對9%）。

2.新香皂仍遠比不上白蘭香皂之受到消費者喜愛（21%對68%）。

3.消費者各有所好，消費者之偏好遍布於各種品牌所具有的種種形狀、大小、顏色和香味等特徵。

從這些發現中，吾人建議：

1.該公司不應該將新香皂上市。

2.即使將新香皂稍做改良，在形狀、大小等各種特徵稍做改善，亦無法使新香皂在市場上的地位有重大改進。因此，必須發展出一種極端不同的香皂，才有希望在市場上與人一爭雌雄。

值得一提的是，本調查之結果雖是否定的，但絲毫不減低其價值，一個否定的發現與一個肯定的發現具有同樣的價值和貢獻。企業主管在發展新產品的決策中常常是過分樂觀的，市場調查的一項主要功能就是要防止主管犯下大錯，使

公司受到更大的損失。

(三)編製並提出調查報告

調查報告分為一般性報告和技術性報告二種。技術性報告包括調查之目的及調查程序的詳細說明，並附上詳細的圖表，樣本有效性的證實也在附錄中，技術性報告送交該公司，並由該公司的研究部門審閱；一般性報告是向該公司主管人員做口頭報告之用，以一系列生動的圖表摘要說明最重要的發現，然後一步步導致最後的結論及建議。

(四)實施結果的追蹤

該公司主管人員同意本調查報告的建議，不上市新香皂，同時該公司的研究部門主管、產品設計部門人員及其他部門主管在爾後數年的產品開發工作中，仍不斷地應用本調查的各項發現。

3 市場實地調查的方法

蒐集資料時，應先考慮利用現有的次級資料；若無次級資料可供利用，則須蒐集原始資料（即初級資料）。蒐集原始資料的市場實地調查方法主要有三種：(1)詢問法（Questioning），(2)觀察法（Observation），(3)實驗法（Experiments）。此三種方法互有利弊，故需挑選適合於調查目的、預算以及調查所需時間等之方法。有時甚至考慮將二種或三種方法並用，以期獲得更有效的結果。此外，如消

費者購買動機等調查，則需用動機調查的特殊方法。茲將此三種主要的實地調查法分述如下。

一　詢問法

利用人員訪問或郵寄問卷等方式蒐集所需的資料，是市場調查採用最廣的一種資料蒐集方法。許多行銷情報，諸如人們的知識、意見和意圖，不容易甚至不可能用觀察法或實驗法來蒐集，通常係利用詢問法。

在採用詢問法時，應考慮三個主要問題：

1. 要不要使用結構式問卷（Structured Questionnaire）？
2. 要不要隱藏調查的目的？
3. 使用何種詢問方式？

㈠要不要使用結構式問卷？

詢問法通常使用結構式問卷，因為結構式問卷的使用可避免或減少訪問員影響調查結果的機會。大規模的調查工作常須利用大量的訪問員，這些訪問員往往散布各地，基於人力、財力或時間的限制，無法好好加以訓編。在此種情況下，必須使用高度結構式問卷，以彌補訪問員能力之不足。此外，使用結構式問卷還可簡化資料之整理和編表工作，便於解釋結果。不過，其缺點為：結構式問卷之使用，多少也限制了訪問員所能發揮的作用，使那些能力高強的訪問員不能發掘特殊的調查對象和實際情況，善用他們的技巧和判斷，充分發揮所長，取得更多更有用的資料。又如果不使用「結構式問卷」，則訪問員對於問題之措辭不同，或對於答

案的判斷不一，都會影響到調查結果，減低調查的可靠程度。

行銷人員經常想瞭解：「人們為何購買某產品而不購買其他產品？」「為何選購某品牌而不選購其他品牌？」「為何惠顧某商店而不惠顧其他商店？」像此類有關人們動機的資料，往往不是使用結構式問卷可以問得出來的，必須因人而異、隨機應變。常用的方法是利用深度訪問法（Depth Interviewing），設法讓受訪者無拘無束地暢所欲言，不利用「結構式問卷」，使訪問員能充分運用其經驗和技巧，挖掘被訪問者的基本動機。

在不使用結構式問卷的情況下，對訪問員的能力依賴甚大，故對訪問員的甄選和訓練極為重要。又因不使用結構式問卷時所費之時間較長，往往長達一小時以上，訪問時間一長，一方面難以獲得被訪問者的合作，一方面增加訪問的單位成本，因受預算之限制，常常只能利用較小的樣本。此外，因為沒有一個一致之問卷，對於結果的解釋必須依靠調查人員之主觀判斷，而且難做比較。

(二)考慮要不要隱藏調查之目的？

在進行市場調查蒐集情報資料時，有時我們可以逕向受訪者說明調查之目的，甚至讓他們知道委託此項調查之公司行號或機構。但在某些情況下，如果讓受訪者知道調查之目的，以及誰想蒐集這些市場情報資料，則可能會影響到受訪者合作的態度和答案的內容。因此，必須隱藏調查之真正目的，並將委託或主辦調查的公司、機構加以適當偽裝。

人們對於有關他們自己的態度和動機的問題，常常不願意提供正確之回答。在此種情況下，必須隱藏研究的目的，

利用各種巧妙的技術，旁敲側擊，才能取得那些隱藏在被訪問者心中的秘密。如果將調查之目的直截了當地告知，或間接地暗示給受訪者，恐將難以獲知人們真正的態度和動機。

心理學家已發展幾種隱藏調查目的之調查方法，「投射技術」（Projective Techniques）即是其中之一。

(三)考慮使用何種詢問方式？

詢問的方式有三種，包括：(1)人員訪問（Personal Interview），(2)電話訪問（Telephone Interview），(3)郵寄閱卷（Mail Survey）。人員訪問是派出訪員直接訪問被訪問者，當面詢問問題、蒐集情報資料；電話訪問則利用電話向被訪問者詢問，以取得情報資料；郵寄問卷是將問卷郵寄或用其他方法（如面交、轉交或附在雜誌、報紙及產品上）送給受訪者，請他們答卷後寄回。

各種詢問的方式都各有其優點和限制，以下將就(1)成本，(2)彈性，(3)情報的數量，(4)情報的正確性，(5)無反應偏差（Nonresponse Bias），(6)速度等項目加以比較。

1.就成本而言

一般來說，人員訪問之成本最高；郵寄問卷之費用較低；電話訪問若不利用長途電話則成本甚低，若需使用長途電話則耗費較高。各種詢問方式之成本比較，常以單位訪問成本為基礎。

2.就彈性而言

人員訪問之成本雖高，但幾乎可應用到所有適用詢問法之調查項目，是彈性最大的一種詢問方式。電話訪問只能訪

問那些有電話的人，郵寄問卷需要有郵寄地址才行，而人員
訪問則不受這些限制。

在訪問過程中，人員訪問和電話訪問可視被訪問者的反
應而調整或修改問題，對不清楚或不完全的回答可以追根究
底，以獲得清楚或完全的回答；若被訪問者的答覆有彼此矛
盾之處，也可當場問個清楚。郵寄問卷方式就缺少這些變通
性，一旦問卷寄出，只能希望早日收到回件，無法在中途改
變問卷。

3.就情報資料之數量而言

人員訪問通常可獲得較多的情報，因為人們比較不容易
在面對面時中止訪問之進行，而且訪問員能夠善用其經驗和
技巧，提出較多的問題，取得較多的情報資料。電話訪問和
郵寄問卷必須簡短才能獲得被訪問者的合作，如果太長或太
複雜的話，被訪問者可能隨時使訪問中斷。較長的問卷最好
利用人員訪問，其次是利用郵寄方式，不得已才用電話訪
問。電話訪問的時間不可過長，譬如美國密西根大學調查研
究中心進行電話訪問的時間是以十一分鐘為限，而其人員訪
問的時間可長達六十到七十五分鐘。

有些問卷必須借助於圖片的說明或道具的使用，甚至要
展示真實的產品，在此種情況下，人員訪問自為最理想的方
式。此外，人員訪問還可在訪問時附帶觀察一些事項，諸如
被訪問者的年齡、家庭狀況、使用的產品及品牌等，以證實
被訪問者的答覆。

4.就情報資料之正確性而言

一般認為人員訪問能夠獲得較正確的情報，但這得看訪

問員的經驗和能力如何而定，不可一概而論。一個高明的訪問員能夠察顏觀色、隨機應變，所蒐集之情報自較正確。不過一般的訪問員素質不一，能力高強的固然也有，但濫竽充數的也不能說沒有，他們大多缺乏足夠的訓練和經驗，在訪問過程中又疏於監督，因此所蒐集的情報是否有高度的正確性，不無疑問。電話訪問和人員訪問，二者就情報資料之正確性而言，有甚多相似之處；惟在電話訪問中，常會得到不確定的答覆，因為人們往往不太願意在電話中回答有關私人的問題，如所得、購買計畫等。

利用郵寄問卷時，受訪者可能在看過後面的問題後，再回過頭來修改前面問題的答案，此即所謂的「順序偏差」（Sequence Bias）。如果問題的先後順序與研究目的有關，自會影響到所獲得情報的正確性。被訪問者也可能在回答問卷之前，先和朋友、同事或家人一起討論問卷中的問題，或翻閱資料，或詳加考慮，然後才下筆答卷。若所要之情報是被訪問者的直覺反應或是他自己的態度和意見，則被訪問者經過深思熟慮或詳加討論後提供的答案自不合所需；但若所需之情報不是被訪問者可以馬上提供，而是要查閱檔案並加整理才能提供者，如商店的銷售量及收入支出等資料，郵寄問卷不失為一可行的方式。

此外，對一些令人難以作答的問題，如有關夫妻生活的問題，以利用郵寄問卷方式為宜。有時對某些事件的情報應在事件發生的同時加以蒐集，以減少因記憶喪失而發生的誤差，此時利用人員訪問及電話訪問方式，常能蒐集到比較正確的情報，譬如要知道人們收聽某一電臺或收看某一電視節目的情形，電話訪問是最適宜的一種詢問方式。

又在人員訪問及電話訪問時，訪問員和被訪問者之間可

能互相影響、交互作用，從而影響情報資料的正確性，這種交互作用的不良效果以人員訪問方式較為嚴重。

5.就無反應偏差而言

郵寄問卷的無反應率（即不回件率），通常較其他詢問方式為高。以美國的情形而言，郵寄問卷回件率一般在40%到50%左右。回件率的高低，主要受問卷的內容、問卷的設計及各種非研究人員所能控制之環境因素所影響。

人員訪問的無反應偏差情形（即訪問對象不在家及拒絕接受訪問）也不可忽視。以美國的情形為例，第一次訪問時，碰到被訪問者不在家之比例常常高達40%到60%左右，經過三、四度造訪之後，反應率通常可達75%到90%。拒絕接受訪問的比例約為0.5%到13%，視研究之性質及訪問對象如何而定，一般總在10%左右。

電話訪問也會遇到訪問對象不在家及拒絕接受訪問的情形，但比例較人員訪問方式為低，一般不超過10%，因為人們或許不會讓一個陌生人登門造訪，但總會去接聽電話的。

郵寄問卷方式雖不會遭到訪問對象不在家或不應門的問題，但如前面所述，不回件率常常很高。為了克服不回件問題，除了須在問卷的設計方面多加注意之外，可利用消費者固定樣本（Consumer Panels）以提高回件率。依照奧得爾（W. F. O'Dell）的一項報告，採用固定郵寄樣本（Mail Panels）可使回件率高達80%到90%。

6.就速度而言

若以速度論，電話訪問是三種詢問方式中最快的一種。若問卷不長，以五分鐘完成一次訪問計，一個訪問員在一小

時就可完成十二次訪問。郵寄問卷最為費時，通常需要在問卷寄出二週後才能收到大部分的回件；如果二週後又再寄出一封追蹤函件給那些回件的人，就得再等二週，等回件收齊，常費時甚久，因此若時間緊迫，不宜採用。但郵寄問卷有一個好處，即不論樣本大小，所費之時間大致一樣，不像人員訪問及電話訪問那樣，樣本愈大，所費的時間愈長，若要縮短完成訪問所有樣本單位的時間，則必須增加訪問員。

茲將上述三種詢問方式就其成本、彈性、情報的數量、情報的正確性、無反應偏差、時間等六方面的比較結果，列示如下表：

表2-1　郵寄問卷、電話訪問及人員訪問等三種詢問方式之比較

比較項目　　詢問方式	郵寄問卷	電話訪問	人員訪問
1.單位成本	最低	若利用長途電話，則費用較高	最高
2.彈性	須有郵寄地址	只能訪問有電話者	最具彈性
3.情報資料之數量	問卷不可太長	電話訪問之時間不可太長	可蒐集最多的情報資料
4.情報資料之正確性	通常較低	通常較低	通常較正確，視訪問員的素質而定
5.無反應偏差	無反應率最高	無反應率最低	較郵寄方式為低
6.時間（速度）	最長久	最快	若地區遼闊或樣本甚大時，很費時

以上已就人員訪問、電話訪問及郵寄問卷等三種詢問方式之優缺點分別加以比較，各種方式都有比較適用的場合，在選擇時應就所需情報資料的數量和正確程度，以及成本、速度等因素加以比較，求得適當之平衡，俾能在特定時間之

限度內，以適當之成本，取得足夠正確的情報資料。

㈣集體訪問法

集體訪問法（Group Interviewing）與前述之人員訪問法不同。人員訪問是一種個別訪問，一個訪問員在同一時間和地點只訪問一個人；集體訪問則是同時地訪問一群人。

集體訪問每次同時訪問之人數不等，但不能太多，也不能太少，若太多，則訪問員很難控制場面；若太少，則不能收到群體訪問所想達到的互相鼓舞、互相激盪的效果。集體訪問的受訪者人數一般是在十到六十人之間。

集體訪問最大的優點是快速和省錢。由於集體訪問法同時可訪問好幾個人，故在時間及成本方面均較個別訪問法節省。又因為訪問之次數少且時間短，故委託調查之原公司通常可派人參加，可縮短委託者與被訪問者之間的距離，使調查研究之方向不至於和委託者之原意發生偏差，調查研究之結果不僅易為委託者所瞭解，而且更能符合委託者之需要。

在進行集體訪問時，一個被訪問者之意見常會激發起其他被訪問者之意見，如此互相影響、彼此激盪，將促使每一個被訪問者都能知無不言、言無不盡，此種效果是在個別訪問時所沒有辦法達到的。集體訪問法之所以盛行於動機研究和探討性研究，此乃主因之一。

大多數之集體訪問都使用錄音設備，以供事後整理結果撰寫報告之需。經驗顯示：「錄音設備的使用通常不會影響被訪問者的踴躍發言，被訪問者在高談闊論之時，常常忘了錄音設備的存在。」

集體訪問可以在委託公司的辦公場所、在受委託調查機構的地方、或在某一「中立」地點進行，甚至可以借用被訪

問者的住所。每種地點都各有利弊：

1.若利用委託公司之場所，則委託公司派人參加之機會較大，但容易暴露委託者之身分。

2.在受委託調查之公司機構的地方進行，則錄音設備或其他道具的安排比較方便。

3.在被訪問者家中舉行，對某些被訪問者比較方便。

4.若借用其他「中立」場所，通常要增加一些額外開支，如租金、交通費等，委託者派人參加之機會較小，但可隱藏委託者之身分。

集體訪問之優點固多，但缺點亦不少，諸如：

1.樣本小，且不按機率抽樣方法抽樣，故樣本缺少代表性。

2.被訪問者之答覆彼此相互影響，失去獨立性。

3.每次進行集體訪問時，訪問員提出問題之方式並不一致。

4.訪問所得之資料難以數量化，不適合做統計分析。

5.訪問之結論依賴訪問員或分析人員之主觀判斷和解釋技巧。

6.訪問員能輕易地影響訪問結果。

由於集體訪問法有上述不少缺點，故此種方法通常只適宜在探討性之研究調查時採用。訪問員在集體訪問法中扮演一個相當吃重的角色，因此訪問員之素質、能力和訓練是非常重要的。

二 觀察法

觀察法是對人們、事物及發生之事件進行預測，與詢問法不同。詢問法係向受訪問者提出問題以取得情報資料，而觀察法則只觀察不詢問，譬如要知道受訪問者收看哪些電視節目，若利用詢問法，可用各種詢問方式提出詢問獲得答案；若採用觀察法，則用各種觀察方法觀測他收看電視節目的情形。

㈠觀察法之利弊

和詢問法比較起來，觀察法之優點有三：

1.客觀

觀察法不問問題，可減少或避免訪問員因對問題的措辭不同而影響受訪問者之答案，並可減少發生訪問者與受訪問者之間相互影響的機會。觀察法可消除在詢問法下所遭遇到之許多主觀偏見，是比較客觀的一種方法。不過如果用人來進行觀測，觀察者也可能會因參與被觀察的事件而喪失其客觀性。譬如為了不要觀察商店店員的活動，觀察員也許裝作一個顧客之身分進入商店，此時之觀察即不完全客觀，因為觀察者和店員之間可能發生交互作用。其改進之法有二：一是加強對觀察員之訓練，使成為高度客觀之觀察者；一是使用照相機、錄音機或其他觀測儀器。

2.正確

觀察員只觀察及記錄事實，被觀察者本身並不知道自己

正在被人觀察，因此一切行為均如平常，所獲之結果自然會比較正確。不過，在某些情況下，很難隱瞞觀測之行動，如果被觀察者察覺他的行為正被觀察中，他的行動很可能與平常不同。

3.有些事物只能加以觀察，無法由受訪問者正確報告

譬如人的音調或嬰孩之行為，對這些事物之情報，只有用觀察法來蒐集。

觀察法雖具有上述三項優點，但其應用並不普遍，因為它有下述三項缺點，因而限制了它在市場調查上之應用：

1.觀察法只能觀測人們的外在行為，無法觀察人們之態度、動機、信念和計畫等內在因素及其變化情形，此乃其缺點之一。

2.有些外在行動也是很難去觀察的，譬如有關過去之活動及個人私下之活動，常非觀察法所能奏效。

3.觀察法之成本較高、所費之時間較長，為了觀測之目的，研究人員必須事先在適當地點安置或埋伏觀察人員或儀器，等待事件的發生，所花費之時間及費用均較詢問法為高。

(二)觀察方式

在採用觀察法蒐集初級資料時，應考慮三個有關觀察方式之問題：

1.自然觀察或設計觀察？

研究人員通常不安排觀察之情況，只指派觀察員在觀察

地點靜待事件之發生，不過有時為了要節省時間，提高觀察的效率，也可以對觀察之情況加以設計，加速觀察事件之發生。譬如要觀察百貨公司店員和顧客討價還價的情形，觀察員可以假扮成一個顧客，用各種方法和店員討價還價，並觀察店員的反應，只要能瞞得過店員，讓他（她）信而不疑，相信觀察員是一個真正的顧客，此種方法不失為經濟而有效之方法。

2.儀器觀容或用人觀察？

觀察法通常是用人來進行觀測並記錄事實，不過有時也可利用機械的觀測儀器。觀察用的儀器很多，除了照相機、錄音之外，尚有：

(1)音波計（Audimeter）

安裝在電視機及收音機上，可記錄收看及收聽之時間及頻道。

(2)眼相機（Eye-camera）

記錄眼睛移動的一種儀器。譬如可讓被觀察者看一個廣告，眼相機可記錄眼睛移動的情形，諸如先看廣告的哪一部分、哪一部分看得最久等。

(3)心理電波計（Psychogalvanometet）

此種儀器有如測謊器，可從被觀察者流行率之變動情形偵知其細微之情緒反應。

後二種儀器都在實驗室使用，而音波計雖不必在實驗室裡使用，但也無法向被觀測者隱瞞觀測之活動，觀察者既然

知道其行為正（將）被觀察，其舉動可能異乎平常。

3.直接觀察或間接觀察？

直接觀察係對事件本身做直接之觀察，前述對百貨公司店員反應之觀察，以及各種使用觀測儀器之觀察，都為直接觀察。

間接觀察是不直接觀察事件本身，只觀察事件所留下之痕跡。譬如觀察商店中商品之陳列情形，可瞭解商店對不同產品或品牌之相對重視程度；觀察消費者之酒櫃或冰箱，可瞭解消費者飲用哪種品牌的酒或冷飲。

三　實驗法

實驗設計是測定因果關係之一種較有效的研究方法。在一九六〇年以前，市場調查採用實驗法者難得一見；一九六〇年以後，逐漸有人採用，但比例仍然很小。近幾年來，實驗法在市場調查上之應用日益廣泛，此一事實或可說明行銷學正逐漸向科學之途發展。

(一)實驗法之意義

實驗調查法起緣於自然科學之實驗求證法。在自然科學領域裡，如果有一個假定：「經理論推測，A加B可能產生C」，那麼必定先在實驗室裡面求證，等證實了確實可以產生C以後，才正式應用於實際之大量生產。市場調查之實驗調查，也是基於此種觀念。

很難為實驗調查法下一個明確之定義。一般言之，實驗

調查法是指在控制之情況下操縱一個或一個以上的變數，以明確地測定這些變數之效果的調查程序。為了實驗之目的，實驗者通常要設法創造一種「臆造的」或「人為的」情況，俾能取得所需之特定情報，並正確地衡量取得之情報資料。臆造性或人為性是實驗法之要素，使調查人員對所要調查之因素或變數有較多之控制，能有計畫地變動某一變數之數值，觀察並記錄其對另一變數的影響，從而瞭解任何二個變數之間的因果關係。

實驗法包括四個要件：(1)一個實驗單位（Experimental Unit），即被實驗者，如一家商店、一群消費者等；(2)一個實驗變數（Experimental Treatment），可以是公司的行銷策略變數，如價格、廣告、商品陳列等，也可以是環境因素，如所得；(3)一個因變數，如銷售量、顧客對廠牌之記憶或偏好等；(4)測定實驗變數對因變數之效果的方法。在實驗法下，我們讓一個實驗單位去接受一個特定的實驗變數，然後測定這個實驗變數對因變數之效果。

實驗法可到市場中去進行，也可在實驗室裡實施。前者稱為現場實驗法（Field Experiment），後者稱為實驗室實驗法（Laboratory Experiment）。譬如實驗者想瞭解百貨商店顧客的購買行為，可選擇百貨商店作為進行實驗之場所，此為現場實驗法；也可在一模擬的百貨商店中觀察被實驗者之購買行為，此為實驗室實驗法。現場實驗法因係實地在現場進行，易於維持實驗的外部有效性（External Validity），但難免喪失一些內部有效性（Internal Validity）；而實驗室實驗法則正好相反，因其係在實驗室中實施，對有關變數可嚴格控制，故易於保持實驗的內部有效性，但難以維持其外部有效性。

在實驗設計時，為了正確衡量實驗變數之效果，常將實驗單位劃分成控制組（Control Group）以及實驗組（Experimental Group）二部分。

1.控制組

控制組之單位，是不接受實驗變數之單位。我們只在實驗之過程中觀察並記錄其因變數數值之變化情形。由於控制組之單位不受實驗變數之影響，因此我們可假定控制組之因變數數值的任何變動，都非來自實驗變數的效果。

2.實驗組

實驗組的單位，是指接受實驗變數的單位。在接受實驗變數之後，實驗組的因變數數值可能會有所變動，但這些變動不一定能代表實驗變數之效果。實驗變數以外之許多外在因素，也可能使因變數的數值發生變動。譬如我們想測定減價對銷量之效果，選擇某地區的幾家商店為實驗單位，實施減價，結果發覺減價後銷量果然增加了，從原來的Y_1增加到Y_2。我們不能就此下結論說：「減價之效果為$Y_2 - Y_1$」，因為銷量之增加（或減少），除了可能受到減價的影響外，還可能受到許多其他因素，如經濟情況、廣告活動、競爭品牌的行銷活動等的影響。因此，$Y_2 - Y_1$是這些可能影響銷售量之所有因素的總效果，並非只是減價的效果。

如前所述，我們假定控制組之因變數數值的任何變動都是實驗變數以外之其他外在因素之效果，因此利用控制組來孤立外在因素之影響，從而正確測定實驗變數的效果，這也正是設置控制組的目的。譬如我們可在同一地區或相似地區中另找幾家商店作為控制組，不讓它們減價，然後觀察並記

錄它們在實驗期間銷售量的變動。假設控制組商店的銷售量也增加了，從Y_1'增加到Y_2'，則$Y_2'-Y_1'$可視為外在因素之效果。

比較控制組和實驗組之變動情形，我們即可獲知實驗變數之效果。若用數學式子來說明：

設E表示實驗變數之效果

N表示非實驗變數（即外在因素）之效果

若$E+N=Y_2-Y_1$（實驗組）

$\qquad N=Y_2'-Y_1'$（控制組）

則　$E=(Y_2-Y_1)-(Y_2'-Y_1')$

㈡實驗的有效性

實驗的有效性（Validity，亦稱為「效度」）係指實驗之設計及實驗是否妥當或有無偏差而言。有效性分為外部有效性及內部有效性二種。茲分述如後。

1.外部有效性

實驗的外部有效性，是指參與實驗之單位與所要研究之母體是否存在著系統性差異（即非由運氣造成的差異）。一個實驗若不能維持其外部的有效性，則實驗的結果將甚難加以延伸或推廣。實驗者對實驗單位之選擇常基於便利原則，而不是從母體中隨機抽選，此時即可能喪失外部的有效性。如許多實驗都是以大學生做實驗單位，這些實驗的結果將難以應用到大學生以外的母群體。

如前所述，實驗室實驗法因不在場進行，多少缺乏真實感，故較之現場實驗法更不易保持外部有效性。

2.內部有效性

實驗法之內部有效性，有如詢問法之反應偏差，是指實驗過程本身有無任何不當之處，以致使實驗之結果無法解釋。換句話說，除了實驗變數之外，是否還有其他變數介入，以致混淆了實驗之結果。造成內部有效性喪失之原因很多，肯貝爾（D. Campbell）及史坦里（J. Stanley）將之分成八項：

(1)歷史

在二次衡量之間，其他變數之變動可能影響實驗的結果。間隔時間愈長，因歷史效果而喪失內部有效性之可能性愈大。

(2)成熟

實驗單位本身隨著時間之變動而日漸成熟，也可能影響實驗之結果。若在進行實驗時，實驗單位可能變得疲倦、飢餓或注意力分散。實驗時間愈長，愈可能發生成熟效果。

(3)試驗

所謂試驗效果，是指第一次試驗對第二次試驗結果之影響。譬如在第一次試驗時，我們問被實驗者使用哪一品牌的牙膏，被實驗者可能因此而得到暗示，知道在下次試驗時還會被問到同樣問題，或許會影響他的正常購買行為。

(4)衡量

實驗時，通常無法同時衡量實驗組及控制組中之所有單位，實驗場地之不同，甚至音調之抑揚頓挫不同，都可能影

響實驗單位之反應。又在二次或以上之衡量時，可能因所用之衡量儀器、技術及人員不同而影響衡量之結果。

(5)迴歸

迴歸效果起因於只選擇那些特殊份子來參加實驗。譬如實驗者想知道銷售競賽對銷售成績之效果，可能只選擇那些上年度銷售成績不佳的銷售員來參加競賽，此時便發生迴歸效果。

(6)選擇

實驗單位若非按照隨機之基礎分配到實驗組和控制組，則實驗組和控制組之組成份子可能不相似，二組之實驗結果將難以做有意義之比較。

(7)死亡

如果實驗時間較長，可能會有些被實驗者中途脫離，這些脫離者有如詢問法中的無反應者或拒絕回件者，他們對實驗變數之反應可能和那些做完全部實驗過程之實驗單位有所不同。

(8)交互作用

此即指實驗組和控制組之間交互作用所造成之效果。譬如一個作為實驗組之商店減價，可能促使一個控制組商店也跟著減價。

要保持一個實驗的內部有效性並非易事：實驗室實驗法雖可控制實驗環境及有關變數，但喪失內部有效性之危機始

終存在，應小心防範；至於現場實驗法因對實驗環境及有關變數之控制較為不易，故保持內部有效性更為困難。

內部有效性與外部有效性常常不能兼而有之：為了要改進實驗之內部有效性，常要犧牲其外部有效性；同樣地，為了提高實驗之外部有效性，也往往要以其內部有效性為代價，這是令實驗者最感到困擾的一件事。

㈢實驗設計的類型

實驗設計的主要類型計有下列七種：

1.前後設計（Before-after Design）。

2.前後加控制組設計（Before-after with Control Group Design）。

3.四組設計（Four-group Six-study Desing）。

4.事後加控制組設計（After Only with Control Group Design）。

5.階乘設計（Factorial Design）。

6.拉丁方格設計（Latin Square Design）。

7.時間數列設計（Time Series Detign）。

茲將此七種主要的實驗設計方法分述如後。

1.前後設計

實驗者在被實驗者接受實驗變數之前後，二度衡量因變數之數值，以前後數值之差異代表實驗變數之效果。前後設計可描述如下：

組別 衡量別	實驗組
實驗前衡量	X_1
實驗變數	有
實驗後衡量	X_2
實驗變數之效果＝$X_2 - X_1$	

　　譬如我們要測定某一品牌的廣告效果，在讓被實驗者看到此品牌之廣告以前，他們對此品牌之偏好率為10％，即$X_1 = 10\%$；在看過廣告以後，偏好率增加到20％，即$X_2 = 20\%$。$X_2 - X_1 = 10\%$，即可視為此一廣告之效果。

　　前後設計容易發生一些內部有效性的問題：

(1)因在前後二次衡量之間有一段間隔時間，可能發生所講的歷史效果。如在二次衡量間隔之期間，其他品牌之廣告活動加強，將影響第二次（即實驗後）衡量之結果，難以測定實驗變數之真正效果。

(2)在第一次（即實驗前）衡量時，可能因問題問得不當，而使被實驗者得到暗示，得知實驗之目的，因而影響到第二次衡量之結果，亦即所謂的試驗效果。

(3)可能因前後二次衡量所用之儀器、技術及人員不同，而造成所謂的衡量效果。

(4)被實驗者在第二次衡量時，可能對實驗之情況感到厭煩，影響他的反應，此即所謂的成熟效果。

(5)有些被實驗者可能在實驗前衡量之後與實驗後衡量之前的這段期間藉故開溜，因而發生了所謂的死亡效果。

2.前後加控制組設計

此種傳統的實驗設計除了有一組接受實驗變數之實驗組外，還有一組不接受實驗變數之控制組，實驗組和控制組之構成份子應力求相似，衡量時間也要相同。控制組在實驗前和實驗後之差異，表示其他未控制變數之影響；實驗組在實驗前之差異，則表示實驗變數加上其他未控制變數之影響。實驗組之差異減去控制組之差異，即得實驗變數之效果。此種設計可描述如下：

組別 衡量別	實驗組	控制組
實驗前衡量	X_1	Y_1
實驗變數	有	無
實驗後衡量	X_2	Y_2
實驗變數之效果$=(X_2-X_1)-(Y_2-Y_1)$		

如在上例中，我們另選擇了一群和實驗組相似的消費者作為控制組，同時衡量他們對某品牌之偏好率，結果為 $Y_1=11\%$，$Y_2=13\%$，則實驗變數之效果應為$(X_2-X_1)-(Y_2-Y_1)=(20\%-10\%)-(13\%-11\%)=8\%$。

此種實驗設計較前述之前後設計為優，因為在前後設計中可能發生之歷史、預試、衡量及成熟等效果，對實驗組及控制組之影響相同，故不至於影響到實驗變數之效果，但死亡效果仍然存在，且可能因實驗組及控制組之選擇不當而發生所謂的選擇效果。

3.四組設計

此種設計包括二個實驗組和二個控制組，其中有一半

（二組各一個）只做實驗後衡量、不做實驗前衡量，另一半則於實驗前後均加以衡量。被實驗者應隨機分配到各組，使四個組都儘可能相似。此種四組設計可描述如下：

衡量別＼級別	第一實驗組	第二實驗組	第一控制組	第二控制組
實驗前衡量	X_1	－	Y_1	－
實驗變數	有	有	無	無
實驗後衡量	X_2	X_3	Y_2	Y_3

因四個組都相似，故X_1應等於Y_1。如果實驗前衡量不影響因變數，則$X_2 = X_3$、$Y_2 = Y_3$。如果實驗變數對因變數確有影響，則X_2、X_3和Y_2、Y_3之間應有顯著差異；若無顯著差異存在，表示實驗變數無顯著之效果。如果X_2、X_3、Y_2、Y_3此四個數值均不同，表示實驗前衡量會直接影響到被實驗者之反應，並和實驗變數交互作用。

從實驗前衡量及實驗後衡量二者間之差異，也可獲知下列情報：

差異	構成差異的因素
①$X_2 - X_1$	實驗變數＋實驗前衡量＋實驗前衡量和實驗變數的交互作用＋未控制變數
②$X_3 - \frac{1}{2}(X_1 + Y_1)$	實驗變數＋未控制變數
③$Y_2 - Y_1$	實驗前衡量＋未控制變數
④$Y_3 - \frac{1}{2}(X_1 + Y_1)$	未控制變數

從上面之情報中可計算出：

(1)實驗變數之效果＝②－④＝$X_3 - Y_3$

⑵實驗前衡量之影響 ＝ ③－④ ＝ $Y_2 - Y_3 - \frac{1}{2}Y_1 + \frac{1}{2}X_1$

⑶實驗前衡量與實驗變數交互作用之影響 ＝ ①－②－③＋④ ＝ $X_2 - X_1 - X_3 + Y_1 - Y_2 + Y_3$

此種設計雖然理想，但因需要有四個相等之組別，實驗起來費錢費事，而且通常我們只想測定實驗變數之效果（$X_3 - Y_3$），只要第二實驗組及第二控制組就夠了，用不著要四個組。因此，這種設計沒有什麼實用價值，行銷研究極少加以採用。

4.事後加控制組設計

此種設計是由上述之四組設計修正而得，只包括一個實驗組及一個控制組，而且不做實驗前衡量。

組別　　衡量別	實驗組	控制組
實驗前衡量	－	－
實驗變數	有	無
實驗後衡量	X_1	Y_1
實驗變數之效果 ＝ $X_1 - Y_1$		

魏布斯特（F. Webster）和貝基曼（F. Von Pechmann）曾利用此種實驗設計研究人們對使用即溶咖啡之家庭主婦的印象。他們選擇一群主婦，分成一個實驗組和一個控制組，要求每位主婦在看了一份購物清單之後，說出她對準備此份清單的家庭主婦之印象。購物清單有二份：一份包括雀巢（Nescafe）牌即溶咖啡，是給實驗組之家庭主婦看的；另一份包括麥斯威爾（Maxwell House）滴泡咖啡，是給控制組之家庭主婦看的。除了咖啡不一樣之外，二份清單都相同。此

實驗結果如下：

衡量別　　　　　　　組別	實驗組	控制組
實驗前衡量	－	－
實驗變數（購物清單）	即溶咖啡	滴泡咖啡
實驗後衡量（對購物者之描述）	懶惰　　18%* 節省　　36 浪費　　23 壞主婦　18	懶惰　　10%* 節省　　55 浪費　　5 壞主婦　5

（*表示在各組家庭主婦中提及某種特徵之百分比）

　　實驗變數之效果，可由實驗組及控制組之百分類差異得知，即：

$$懶　惰：(18\%-10\%)=8\%$$
$$節　儉：(36\%-55\%)=-19\%$$
$$浪　費：(23\%-5\%)=18\%$$
$$壞主婦：(18\%-5\%)=13\%$$

　　此種設計因為不做實驗前衡量，故可避免發生試驗效果及實驗前衡量與實驗變數二者交互作用之問題。此種設計與四組設計比較起來，簡單易行，便宜得多，是行銷研究市場調查中採用甚廣的一種實驗設計。

　　5.階乘設計
　　以上所述之四種實驗設計，只能讓實驗者去測定一個實驗變數之效果。階乘設計則可讓實驗者同時測定二個或以上之實驗變數的效果，而且階乘設計除了可測定每一個實驗變數的主效果之外，還可測定各變數交互作用之效果。

茲舉一例以說明階乘設計之運用：假設實驗者想測定價格（P）及廣告（A）此二因素對銷售量（S）之效果，若價格有二個水準，即P_1與P_2，則廣告也有二個水準，即A_1與A_2。又實驗結果如下：

	A_1	A_2
P_1	$S_{11} = 50$	$S_{12} = 45$
P_2	$S_{21} = 38$	$S_{22} = 35$

則其價格的效果應為：

$$E_{P1} = S_{11} - S_{21} = 50 - 38 = 12 \text{（在} A_1 \text{水準）}$$
$$\text{或} \quad E_{P2} = S_{12} - S_{22} = 45 - 35 = 10 \text{（在} A_2 \text{水準）}$$

其廣告之效果應為：

$$E_{A1} = S_{11} - S_{12} = 50 - 45 = 5 \text{（在} P_1 \text{水準）}$$
$$\text{或} \quad E_{A2} = S_{21} - S_{22} = 38 - 35 = 3 \text{（在} P_2 \text{水準）}$$

在此，E_{P1}與E_{P2}都代表價格之效果，何以二者不相等？E_{A1}和E_{A2}都代表廣告之效果，何以二者有差異？其發生差異之原因有三：(1)為實驗誤差，(2)為價格與廣告之交互作用，(3)為不明外生變數之影響。

此外，還可計算各因素（實驗變數）之主效果（平均效果）及各因素之交互作用效果如下：

價格之主效果 $= (S_{11} + S_{12} - S_{21} - S_{22}) \div 2$
$$= (50 + 45 - 38 - 35) \div 2 = 11$$

$$廣告之主效果 = (S_{11} + S_{21} - S_{12} - S_{22}) \div 2$$
$$= (50 + 38 - 45 - 35) \div 2 = 4$$
$$價格及廣告之交互作用 = (S_{11} - S_{21}) - (S_{12} - S_{22})$$
$$= (50 - 38) - (45 - 35) = 2$$
$$或 = (S_{11} - S_{12}) - (S_{21} - S_{22})$$
$$= (50 - 45) - (38 - 35) = 2$$

　　上例為一個2×2階乘實驗設計，即只有二個因素，每一因素各有二個水準。階乘設計並不以2×2為限，可加以擴大，以適合於三個或以上之因素及水準之情況。

　　一個m×n階乘設計（即有二個因素，此二因素各有m、n個水準）需要有m×n個因素組合。又若有k個因素，第i個（i = 1, 2, ……, k）因素有n1個水準，則所需之實驗因素之組合應有$\prod_{i=1}^{k}$n1個。不過，有時因受到成本或其他限制，可排除若干因素組合，此即所謂的不完全階乘設計或部分階乘設計。

6.拉丁方格設計

　　如果所考慮之因素（實驗變數）較多，每一個因素又包含好幾個水準，則上述之階乘設計將變得極為複雜，執行起來成本甚高。有時實驗者為各因素間沒有交互作用之關係，或即使有交互作用存在，但其影響極微，可予忽略，在此種情況下，可以採用一種特殊之階乘設計——「拉丁方格設計」，以減低實驗之成本。

　　假設有三個因素（A、B、C），每個因素各有三個水準（1、2、3）：若採用「階乘設計」，應有3×3×3 = 27個因素組合；若採用「拉丁方格設計」，只要有如下表所示之九個因素組合：

	B_1	B_2	B_3
A_1	C_1	C_2	C_3
A_2	C_2	C_3	C_1
A_3	C_3	C_1	C_2

　　若此三個因素是廣告（A）、價格（B）及包裝顏色（C），實驗者假定此三個因素對銷售量（S）而言並不發生交互作用，因此可採用拉丁方格設計。其實驗結果如下：

<table>
<tr><td></td><td colspan="3" align="center">價　　　格</td><td></td></tr>
<tr><td></td><td align="center">B_1</td><td align="center">B_2</td><td align="center">B_3</td><td></td></tr>
<tr><td>廣</td><td>A_1</td><td>$S(A_1B_1C_1)=10{,}000$</td><td>$S(A_1B_2C_2)=12{,}000$</td><td>$S(A_1B_3C_3)=15{,}000$</td><td>包裝顏色</td></tr>
<tr><td></td><td>A_2</td><td>$S(A_2B_1C_2)=\ 9{,}500$</td><td>$S(A_2B_2C_3)=11{,}000$</td><td>$S(A_2B_3C_1)=10{,}500$</td><td>$C_1C_2C_3$</td></tr>
<tr><td>告</td><td>A_3</td><td>$S(A_3B_1C_3)=\ 6{,}500$</td><td>$S(A_3B_2C_1)=13{,}000$</td><td>$S(A_3B_3C_2)=12{,}500$</td><td></td></tr>
</table>

廣告（A）：$\sum A_i = \sum\limits_{j=1}^{3} \sum\limits_{k=1}^{3} S(A_iB_jC_k)$，i=1, 2, 3

$\quad\quad\quad \sum A_1 = S(A_1B_1C_1) + S(A_1B_2C_2) + S(A_1B_3C_3)$

$\quad\quad\quad\quad\quad\ = 10{,}000 + 12{,}000 + 15{,}000 = 37{,}000$

$\quad\quad\quad \sum A_2 = \quad 9{,}500 + 11{,}000 + 10{,}500 = 31{,}000$

$\quad\quad\quad \sum A_3 = \quad 6{,}500 + 13{,}000 + 12{,}500 = 32{,}000$

價格（B）：$\sum B_j = \sum\limits_{j=1}^{3} \sum\limits_{k=1}^{3} S(A_iB_jC_k)$，j=1, 2, 3

$\quad\quad\quad \sum B_1 = S(A_1B_1C_1) + S(A_2B_1C_2) + S(A_3B_1C_3)$

$\quad\quad\quad\quad\quad\ = 10{,}000 + \quad 9{,}500 + \quad 6{,}500 = 26{,}000$

$\quad\quad\quad \sum B_2 = 12{,}000 + 11{,}000 + 13{,}000 = 36{,}000$

$\quad\quad\quad \sum B_3 = 15{,}000 + 10{,}500 + 12{,}500 = 38{,}000$

包裝（C）：$\sum C_k = \sum\limits_{i=1}^{3} \sum\limits_{j=1}^{3} S(A_iB_jC_k)$，k =1, 2, 3

$\quad\quad\quad \sum C_1 = S(A_1B_1C_1) + S(A_2B_3C_1) + S(A_3B_2C_1)$

$$= 10,000 + 10,500 + 13,000 = 33,500$$

$$\Sigma C_2 = 12,000 + \quad 9,500 + 12,500 = 34,000$$

$$\Sigma C_3 = 15,000 + 11,000 + \quad 6,500 = 32,500$$

因為　max.$\{\Sigma A_1, \Sigma A_2, \Sigma A_3\} = \Sigma A_1 = 37,000$

max.$\{\Sigma B_1, \Sigma B_2, \Sigma B_3\} = \Sigma B_3 = 38,000$

max.$\{\Sigma C_1, \Sigma C_2, \Sigma C_3\} = \Sigma C_3 = 34,000$

故得最佳之因素組合為（A_1, B_3, C_2）。

　　然而，到底此最佳之因素組合（A_1, B_3, C_2）能創造多大的銷售量呢？此無法從上面之拉丁方格中獲知，此為拉丁方格設計之一項缺點，解決之法是再做一次包含（A_1, B_3, C_2）之實驗，以求得（A_1, B_3, C_2）之數值。拉丁方格設計之另一項缺點，是未能明確指出因變數（即本例中之銷售量）及每一值實驗變數之關係，亦即實驗者無法從此種設計中獲知單一實驗變數之效果。

7.時間數列設計

　　此種設計之特點是在實驗前後進行一系列之衡量，從因變數在實驗前後之變動趨勢，來測定實驗變數之效果。時間數列設計可描述如下：

組別 衡量次別	實驗組
第 一 次 衡 量	X_1
第 二 次 衡 量	X_2
第一個實驗變數	有
第 三 次 衡 量	X_3
第 四 次 衡 量	X_4
第二個實驗變數	有
第 五 次 衡 量	X_5
第 六 次 衡 量	X_6
⋮	⋮

　　時間數列設計可視為一系列之前後設計。假設要測定某一廣告對銷售量之效果，可採用時間數列實驗設計，結果如圖2-1所示，圖中A_1、A_2、A_3代表三次廣告，t_1、t_2、……、t_7分別代表各次衡量之時間。從圖中曲線之趨勢來判斷，廣告似有增加銷售量之效果。

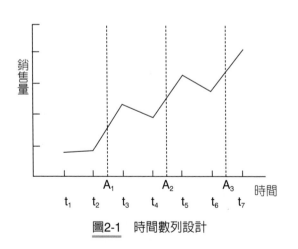

圖2-1　時間數列設計

㈣**實驗結果之分析**

實驗法是衡量二個或二個以上的變數間之因果關係的一種有效方法。個別實驗單位要接受何種實驗變數，必須用一種隨機之方法來決定。隨機化（Randomization）使實驗者能夠相信，實驗單位之不同反應純粹是因不同實驗變數之差異效果所致。

假設實驗者要測定二種不同之價格水準（P_1及P_2）對某食品銷售量之效果，並選定十六家食品店為實驗單位，隨機抽取其中八家採用價格水準P_1，另外八家採用P_2，實驗結果如表2-2所示。表中之Y_{ij}表示接受第i個價格水準（P_i）的第j家食品店之銷售量。令μ_1表示母體之平均數，e_{ij}表示實驗誤差，則$Y_{ij} = \mu_1 + e_{ij}$。

實驗者所感興趣者為二個母數（Parameter）之數值，即⑴各母群體之平均數（即 μ_1, μ_2），⑵二個母群體平均數之差異（即 $\mu_1 - \mu_2$）。前者可由樣本平均數$\overline{Y}_1$及$\overline{Y}_2$來估計，後者則用樣本平均數之差異（$\overline{Y}_1 - \overline{Y}_2$）來估計。

表2-2　某食品在二種價格水準下之銷售量

價格水準P_1	價格水準P_2
$Y_{11} = 25$	$Y_{21} = 30$
$Y_{12} = 32$	$Y_{22} = 24$
$Y_{13} = 32$	$Y_{23} = 27$
$Y_{14} = 30$	$Y_{24} = 18$
$Y_{15} = 25$	$Y_{25} = 23$
$Y_{16} = 38$	$Y_{26} = 26$
$Y_{17} = 23$	$Y_{27} = 16$
$Y_{18} = 35$	$Y_{28} = 20$

由表2-2之資料可求得：

$$\overline{Y}_1 = \frac{1}{8}\sum_{j=1}^{8} Y_{1j} = 30 \text{ , } \overline{Y}_2 = \frac{1}{8}\sum_{j=1}^{8} Y_{2j} = 22.5$$

$$\overline{Y}_1 - \overline{Y}_2 = 30 - 22.5 = 7.5$$

其次是要求 μ_1 之信賴區間（Confidence Interval），在一般情況下，因為母群體之變異數 σ_1^2 未知，所以，

1.如樣本數 $n_1 \geq 30$，則 μ_1 之百分之（$1-\alpha$）信賴度之信賴區間為 $\left[\overline{Y}_i - Z_{\frac{\alpha}{2}} \text{ , } \frac{s_1}{\sqrt{n_i}} \text{ , } \overline{Y}_i + Z_{\frac{\alpha}{2}} \text{ , } \frac{s_i}{\sqrt{n_i}}\right]$（其中 S_i 為樣本標準差）

$$s_i^2 = \frac{1}{n_i - 1}\sum_{j=1}^{n1}(Y_{ij} - \overline{Y}_i)^2$$

2.如樣本數 $n_i < 30$，則 μ_1 之百分之（$1-\alpha$）信賴度之信賴區間為 $\left[\overline{Y}_i - t_{1-\frac{\alpha}{2}}^{(n-1)} \frac{s_1}{\sqrt{n_i}} \text{ , } \overline{Y}_i + t_{1-\frac{\alpha}{2}}^{(n-1)} \text{ , } \frac{s_i}{\sqrt{n_i}}\right]$

其中，$t_{1-\frac{\alpha}{2}}^{(n-1)}$ 表示自由度為 $(n-1)$ 且 $Pr(t \leq t_{1-\frac{\alpha}{2}}^{(n-1)}) = 1 - \frac{\alpha}{2}$ 之值。

在「實驗法」中，樣本數通常不夠大（即 $n<30$）。上例中，$n_1 = n_2 = 8$，又根據表2-2可求得 $s_1^2 = 28$，$s_2^2 = 22.857$。

又查統計表可得 $t_{1-\frac{\alpha}{2}}^{(n-1)}$ 之值，故 $1-\alpha = 0.95$ 時，

$$\overline{Y}_1 \pm t_{1-\frac{\alpha}{2}}^{(n-1)}\frac{s_1}{\sqrt{n_1}} = 30 \pm t_{0.975}^{(7)}\sqrt{\frac{28}{8}} = 30 \pm (2.3646)\sqrt{\frac{28}{8}}$$

$$= 30 \pm 4.4238$$

$$\overline{Y}_2 \pm t_{1-\frac{\alpha}{2}}^{(n_1-1)}\frac{s_2}{\sqrt{n_2}} = 22.5 \pm (2.3646)\sqrt{\frac{22.857}{8}} = 22.5 \pm 3.9969$$

因此，μ_1及μ_2之95%信賴度之信賴區間分別為：

[25.5762, 34.4238]、[18.5031, 26.4969]

求得μ_i之信賴區間後，再求$\mu_i - \mu_j$之信賴區間：

1.若已知$\sigma_i^2 = \sigma_j^2 = \sigma^2$，則$\mu_i - \mu_j$之百分之（$1-\alpha$）信賴度之信賴區間為：$\left[(\overline{Y}_i - \overline{Y}_j) - Z_{\frac{1-\alpha}{2}}\sqrt{\sigma^2\left(\frac{1}{n_i} + \frac{1}{n_j}\right)} , (\overline{Y}_i - \overline{Y}_j) + Z_{\frac{1-\alpha}{2}}\sqrt{\sigma^2\left(\frac{1}{n_i} + \frac{1}{n_j}\right)}\right]$

2.若已知$\sigma_i^2 = \sigma_j^2 = \sigma^2$，但$\sigma^2$未知，則$\mu_i - \mu_j$之百分之（$1-\alpha$）信賴度之信賴區間為：

$$\left[(\overline{Y}_i - \overline{Y}_j) - Z_{\frac{1-\alpha}{2}}\sqrt{s_p^2\left(\frac{1}{n_i} + \frac{1}{n_j}\right)} , (\overline{Y}_i - \overline{Y}_j) + Z_{\frac{1-\alpha}{2}}\sqrt{s_p^2\left(\frac{1}{n_i} + \frac{1}{n_j}\right)}\right]$$
（$n_i, n_j \geq 30$）

$$或(\overline{Y}_i - \overline{Y}_j) - t_{1-\frac{\alpha}{2}}^{n_i+n_j-2}\sqrt{s_p^2\left(\frac{1}{n_i} + \frac{1}{n_j}\right)} , (\overline{Y}_i - \overline{Y}_j) + t_{1-\frac{\alpha}{2}}^{n_i+n_j-2}$$

$$\sqrt{s_p^2\left(\frac{1}{n_i} + \frac{1}{n_j}\right)}\right] （n_i, n_j < 30）$$

其中 $s_p^2 = \dfrac{(n_i-1)s_i^2 + (n_j-1)s_j^2}{n_i + n_j - 2}$（用以代替未知之$\sigma^2$）

3.若$\sigma_i^2 \neq \sigma_j^2$，且$\sigma_i^2$、$\sigma_j^2$已知時，用$\mu_i - \mu_j$之百分之（$1-\alpha$）信賴度之信賴區間為：$\left[(\overline{Y}_i - \overline{Y}_j) - Z_{\frac{1-\alpha}{2}}\sqrt{\frac{\sigma_i^2}{n_i} + \frac{\sigma_j^2}{n_i}} , (\overline{Y}_i - \overline{Y}_j) + Z_{\frac{1-\alpha}{2}}\sqrt{\frac{\sigma_i^2}{n_i} + \frac{\sigma_j^2}{n_j}}\right]$

4.若$\sigma_i^2 \neq \sigma_j^2$，且$\sigma_i^2, \sigma_j^2$均未知時：

⑴若$n_i \geq 30$、$n_j \geq 30$，則$\mu_i - \mu_j$之百分之（$1-\alpha$）信賴度

之信賴區間為 $\left[(\overline{Y}_i - \overline{Y}_j) - Z_{\frac{1-\alpha}{2}}\sqrt{\dfrac{s_i^2}{n_i} + \dfrac{s_j^2}{n_j}} \quad , \quad (\overline{Y}_i - \overline{Y}_j) + \right.$

$\left. Z_{\frac{1-\alpha}{2}}\sqrt{\dfrac{s_i^2}{n_i} + \dfrac{s_j^2}{n_j}} \right]$

⑵若 $n_i < 30$、$n_j < 30$，則 $\mu_i - \mu_j$ 之百分之（$1-\alpha$）信賴度

之信賴區間為 $\left[(\overline{Y}_i - \overline{Y}_j) - t_{1-\frac{\alpha}{2}}^{(n_i + n_j - 2)}\sqrt{\dfrac{s_i^2}{n_i} + \dfrac{s_j^2}{n_j}} \quad , \quad (\overline{Y}_i - \overline{Y}_j) \right.$

$\left. + t_{1-\frac{\alpha}{2}}^{(n_i + n_j - 2)}\sqrt{\dfrac{s_i^2}{n_i} + \dfrac{s_j^2}{n_j}} \right]$

上例中，已知 $n_1 = n_2 = 8$，惟 σ_1^2、σ_2^2 均未知，而 σ_1^2 與 σ_2^2 是否相等又未知，故須先作 σ_1^2、σ_2^2 是否相等之檢定，再求 $\mu_1 - \mu_2$ 之信賴區間。首先，σ_1^2 是否與 σ_2^2 相等之檢定如下：

$$\begin{cases} 虛無假設 \quad H_0 : \sigma_1^2 = \sigma_2^2 \\ 對立假設 \quad H_\alpha : \alpha_1^2 \neq \sigma_2^2 \end{cases}$$

取顯著水準（Significance Level）α 為 0.05 時，因為

$$f_{\frac{\alpha}{2}}(n_1 - 1, n_2 - 1) = [f_{1-\frac{\alpha}{2}}(n_2 - 1, n_1 - 1)]^{-1} = [f_{0.975}(7, 7)]^{-1}$$
$$= [4.99]^{-1} = 0.20$$

$$f_{1-\frac{\alpha}{2}}(n_1 - 1, n_2 - 1) = f_{0.975}(7, 7) = 4.99$$

故此檢定之最佳棄卻域（Best Critical Region）為：

$$C = \{f \mid f \leq 0.20 \quad f \geq 4.99\}$$

又因為 $s_1^2 = 28$、$s_2^2 = 22.857$

$$f = \frac{s_1^2}{s_2^2} = \frac{28}{22.857} = 1.23 < 4.99，即 f \notin C$$

故在知 $\alpha = 0.05$ 下，由檢定知宜接受虛無假設 H：$\sigma_1{}^2 = \sigma_2{}^2$。

其次，在 $\sigma_1{}^2 = \sigma_2{}^2 = \sigma^2$ 但 σ^2 未知之條件下，推定 $\mu_1 - \mu_2$ 之 95% 信賴度之信賴區間如下：

因為 $1 - \alpha = 0.95$，$n_1 + n_2 - 2 = 8 + 8 - 2 = 14$

$t_{1-\frac{a}{2}}(n_1 + n_2 - 2) = t_{0.975}(14) = 2.1448$

故 $(\overline{Y}_1 - \overline{Y}_2) \pm t_{1-\frac{a}{2}}(n_1 + n_2 - 2)\sqrt{\dfrac{(n_1 - 1)s_1{}^2 + (n_2 - 1)s_2{}^2}{n_1 + n_1 + n_2 - 2}}$

$= (30 - 22.5) \pm (2.1448)\sqrt{\dfrac{(8-1)(28) + (8-1)(22.857)}{8 + 8 - 2} \cdot \left(\dfrac{1}{8} + \dfrac{1}{8}\right)}$

$= 7.5 \pm 5.4070$

因此，$\mu_1 - \mu_2$ 之 95% 信賴度之信賴區間為：[2.0930, 12.9070]

(五)實驗調查法之利弊

實驗調查法如果從其設置比較市場，以便做客觀之比較。就調查方法言之，實驗調查法較詢問調查法及觀察調查法進步。不過，在執行技術上，要選擇市場條件相同之實驗市場及比較市場極為困難。即使選擇同一條街道上鄰近的二家百貨公司為實驗及比較市場，但是卻可能因這二家百貨公司之顧客階層不同或過去聲譽不同等因素，銷售條件也不盡相同。另外一種方法是選擇同一百貨公司內同一陳列室之不同期間為實驗期間及比較期間，在此情況下，雖可免除一切地理上之不同條件，但卻又摻入時間上不同條件之因素。茲將實驗調查法之優缺點分述於下：

1.實驗調查法之優點

使用之方法甚為科學，具有實際性和客觀性之價值。

2.實驗調查法之缺點

因為實驗時間長、成本高，較實行其他方法之困難為多。如「實驗市場」，照一般邏輯，該實驗市場內如果試銷成績良好，若將來大規模推行，成績也應大致良好，但在實驗市場內之很多條件均在人為控制能力外，且沒有一特定地區之市場條件與別的地區完全一樣，此乃其實行較困難的重要原因之一。

第三章

行銷市場調查

CHAPTER 3

1 概 論

　　廣義之市場調查，其調查對象包括消費者及一切市場推銷之活動。在此，對市場推銷活動說明如下：所謂市場推銷，是製造公司或銷售公司把他們的產品或商品設法移轉到消費者手裡之一切活動。當然，要設法移轉到消費者手裡，首先要製造適當之產品（Product），並且訂出適當之價格（Price），再經過適當之銷售路線在適當之地方（Place）展示在消費者面前，而且還得想出適當之推廣（Promotion）活動，如廣告、贈獎、競賽等，來促進消費者之購買慾望。經過此種種適當之措施後，才能夠成功地把產品移轉到消費者手裡，亦即才能推銷出去。此種措施是產銷公司在推銷上比較重要之措施，亦即產銷者所賴以推銷產品之工具。因為英文之字首均以P開始，故特稱之為4P，俾便記憶。

　　在上面提到4P時都加「適當」二字，因為只是製造出一個產品並不困難，可是如果要製造出適當之產品（亦即消費者願買之產品），則非易事。然而，必須製造出適當之產品，訂出適當之價格，經過適當之銷售路線，再配合適當之推廣活動，才能賣得出去。那麼，如何才能做到「適當」之地步呢？那就要調查「消費者真正之需要是什麼？」「他們之購買動機是什麼？」「他們現在願意出多少錢買？」「平常在什麼地方買？」「平常較注意什麼樣之廣告？」等問題；亦即需要特別為了適當之產品而做市場調查，也需要為了適當之價格、適當之銷售路線、適當之推廣活動而做市場

調查。以上這些市場調查，亦可分別稱為「產品調查」、「售價調查」、「銷售路線調查」、「推廣活動調查」等。調查對象都是消費者及經銷商等，不過調查消費者時，若用簡單之面談（詢問）調查方法調查，有時不易查出消費者內心真正所想之事情，因而採用所謂動機調查法。另外，為了調查消費者或經銷商之長期變化趨勢，也需要用較為特殊之調查方法，稱為「固定樣本調查」。

以上種種調查，在其調查之對象或採用之方法上，皆較為特殊，而且也皆是應用於推銷問題上，因此在本章中分別加以論述。

2 動機調查

一 動機調查之概念

一般較基本之市場調查方法，都是市場上既存事實之調查，其重點在於明瞭過去之事實，因此也有人稱此種調查為「點數（Nose Counting）調查」。此種點數調查所獲得之資料，雖有其利用之價值，但是其價值還不如導致此種事實之原因有關之資料來得重要。如對衛生機構而言，其所在地之胃病患者人數，以及其男女性別、年齡別、職業別之分布情形等資料，雖為極具價值之資料，但遠不如有關「為何有如此多之胃病患者？原因為何？」等病患原因之資料。

　　此種情形對工商界亦復如此。如對某一商品銷售公司而言，各種不同品牌之商品銷售量、使用人數、使用人之年齡別、地區別、所得別之分布情形等資料，自然可供該公司業務上之參考，但是若能獲取「為何有些消費者喜歡購買某一特定之品牌？他們的購買動機為何？」等資料，則其參考價值將更大。因此，為了瞭解消費者行為之動機，尤其是購買之動機，必須做市場調查。但是此種動機往往不易用簡單之詢問調查法調查得出來，故需用比較特殊之調查方法。總之，為了瞭解消費者之購買動機所做之特殊調查法，稱為「動機調查」（Motivation Research）。

二　動機調查之方法

㈠深入面談法（**Depth Interview**）

　　此種調查法雖然亦是由一個調查員與一位被調查者面對面談話，但是並不預先準備印好之調查表，而是由調查員向被調查人自由詢問各種有關或無關之問題，以使被調查者在自由交談之氣氛中，不知不覺地透露出或誘導出真正之購買動機。

　　因為此種調查法所需時間較長，詢問之問題內容較為廣泛而深入，故稱為「深入面談法」。實施此種調查法之調查員，需具有心理學之基礎，以及誘導對方談話方向之技巧，才能圓滿達成任務。

㈡投影技術法（**Projective Techniques**）

此法是把被調查者之購買動機設法投影到另一個物體上，以間接地去探求其動機之方法，可再分為下述四種方法。

1.單字聯想法（Word Association）

乃將許多單字連續向被調查者提出後，再請他選擇所聯想到的任何單字，以便從聯想之單字中推敲其動機之方法。

使用此法時，應注意把單字連續提出，不得讓被調查者考慮過久。通常中間間隔時間不宜超過三秒鐘，以免被調查者考慮過久後，聯想數種單字，反而不易選擇，或選擇不正確之單字。

2.文句完結法（Sentence Completion）

此亦可謂「文句填空法」。此法之性質大致上與單字聯想法相同，如：問題是：「每天使用牙膏刷牙，可以使您_____」，其空白部分可以用下列句子填空：(1)「保持牙齒之健康」，(2)「防止口臭」。調查結果如果前一句占多數，則表示多數消費者使用牙膏之目的在於保持牙齒之健康，因此牙膏內之成分應該多包含殺菌劑；如果後一句占多數，那麼消費者可能較注重口臭，因此應包含多量香料。

3.漫畫法（Cartoon Method）

把漫畫提示於被調查者，並請被調查者在漫畫對白中表示意見，或者選擇若干單字的方法。此法亦稱為「**P. F. Test**」

（Picture Frustration Test），因為具有：⑴可以在一般家庭訪問調查時普遍使用，⑵可以提高被調查者之興趣等優點，因此在動機調查之各種方法中，可以說是一種較易實施之方法。不過，在設計畫面人物時，應注意只畫人物面孔之輪廓，而不應表示感情，以免被調查者之意見受到畫面上人物表情之影響。

4. T. A. T法（Thematic Apperception Test）

此法與前述之漫畫法大致相同，唯一不同之處在於此法之畫面乃是使用照片等較逼真之畫面。

三　動機調查之評價

動機調查之目的，在於探求一般調查事實之調查方法所無法調查出來之真正動機，因此自有其特殊意義與價值，方法上也可認為是一種較為進步之調查方法。不過，由於有如下之缺點，在執行上頗為困難，因而也限制了其應用之範圍。

1.主持調查者需要具備較豐富之調查經驗及技巧，同時也應具備心理學知識。譬如需要誘導談話方向，使被調查者在不知不覺中透露真情，或從旁觀察被調查者之反應，以判斷真情等，都需要高度之經驗及技巧。因此，此種人才並不易多求。

2.調查時間較長。一般言之，動機調查多在自由交談中進行，因此費時較長。

3.調查樣本之數目較少，影響對母群體之代表性。「動

機調查」對每一樣本戶所耗費之時間較長，且調查員亦難以尋找，因此自不能抽出充分之樣本實施調查。

4.調查之結果往往無法以數字表示（即數量化），因而也無法應用統計方法來處理。

3 固定樣本調查

一 固定樣本調查之概念

所謂固定樣本調查（Panel Survey），即是對固定之調查對象，在一定期間內施以反覆數次之調查。其主要目的在於明瞭消費者之習慣在長期間之變化、變化之前因後果、商品銷售情形之長期變化、變化之原因等問題。至於調查之實務程序，則與一般詢問調查方法或觀察調查方法相同，只不過把實務程序之一部分重複若干次而已。

二 固定樣本調查之方法

㈠面談調查法

此為由調查員定期往訪固定之被調查者（樣本），實施面談調查之方法。被調查者雖需固定，不過如果實施調查之

期間過長，如超過一年以上，則可以一年為單位，實施部分
樣本之抽換，不過一次抽換應以全體樣本數為限。

(二)郵寄問卷調查法

定期寄送問卷調查表，請被調查者填妥後，按期寄回之
方法。

(三)留置調查法

一般來說，郵寄問卷調查表之收回率較低，因此為了彌
補這個缺點，可按期派員前往被調查戶住所，收回前次之舊
調查表，並留下下一次之新調查表，以提高收回率。此法對
固定樣本調查更為適合，因此被廣為採用。

(四)儀器記錄調查法

目前最常用之儀器記錄調查法為「Video Rerearch」，此
法乃把記錄儀器（Video Meter）裝置在電視機內，記錄收看
電視之情形，以瞭解何種節目較受歡迎之調查方法。目前電
視節目之廣告費，在任何一個有電視臺之國家都占極重要之
地位，因此，哪一種節目較受歡迎，實為廣告代理商及廣告
主所注目之重心。而此種儀器記錄調查法，因為以儀器記錄
實際收看時間及收看之電視臺，並無絲毫詢問調查時之人為
錯誤因素，如記憶之錯誤等，因此記錄結果可以絕對正確地
查出有多少部電視機在何時鈕開什麼節目之事實，故頗受廣
告代理商及業主所信任及歡迎。

不過，此種調查法也有致命缺點，就是「無法知道電視
機前面是否有人？」「若有人，有否注視電視節目？」或者
「有否受到電視節目及廣告之影響？」等問題。為補救此一
缺點，可以並用「詢問調查法」，以調查觀眾對某一節目及

廣告之記憶程度。

三　固定樣本調查之利弊

(一)優點

1.可以明瞭調查事項之變化動態，因此對長期趨勢之調查而言，利用價值很大。此種優點是其他僅以記憶或統計預測方法尋求長期資料之調查方法所不及的。

2.問卷調查表之收回率可設法提高。因為固定樣本調查之調查次數不只一次，通常都編列預算對被調查者贈送禮品，而且調查者與被調查者之間也可逐漸建立友誼關係，因此收回率較高。

(二)缺點

1.因調查時間較長、費用很高，常失去時效。

2.被調查者在調查次數增加後，容易敷衍了事。

3.被調查者在中途因遷移或表示不合作時，無法繼續調查，而需另行補充樣本，但如此則已失去「固定樣本」之意義。

4 產品調查

一 產品調查之意義

　　不管產、銷新產品或舊產品之企業，都需要經常調查消費者之需要，以配合發展更能適合此種消費者需要之產品。為了此種目的，研究消費者對產品之需要所做之調查，稱為「產品調查」（Product Research）。

二 產品調查之範圍及研究方向

㈠產品調查之範圍

　　包括產品之品質（含所使用之材料、設計、顏色、式樣等）、包裝及價格。因價格調查之重要程度不亞於品質及包裝，故另設專節討論，本節僅論述品質及包裝。

㈡產品調查之研究方向

　　可循下述三條途徑：

　　1.有否新的需要？

　　2.舊產品有沒有缺點？

　　3.舊產品能不能尋找出新的用途？

三　產品調查之方法

　　產品調查之方法在實施步驟上與詢問調查之步驟大致相同，因此僅就不同之處說明如下：

　　1.首先要準備各種不同種類之樣品，以作為調查之對象。此步驟若是新產品，先要試製樣品；若是舊產品，則選擇不同尺寸或不同顏色之既成樣品即可。

　　2.同時也選擇適當之比較樣品，又稱「管制廠牌」（Control Brand），以便比較優劣點。因為對某一產品提出批評意見，每一被調查者之衡量標準不一致，恐怕產生不確實之結果，因此必須以同一類其他廠牌之樣品作為比較之尺度。通常此種比較用的樣品，都選擇已經在市面上具有聲譽之廠牌，以避免有一部分比較用樣品被調查者熟悉而又有一部分不熟悉之情形。

　　此外，調查樣品與比較樣品之間，除了比較項目不同之外，其他條件應儘量相同，如要研究新產品之顏色是否適當時，其他條件，如產品材料、尺寸、形狀應該完全相同，以便專心比較顏色。

　　3.被調查者之抽樣，應注意限於過去用過同類產品之消費者，否則無法提供正確之意見。

　　4.在實地調查時，往往為調查方便需要隨身攜帶調查及樣品比較樣品，以提示被調查者。在提示樣品時，應該注意每次調換提示樣品之順序和位置，以免被調查者因樣品提示順序或位置而產生不正確之意見。如要調查改變產品顏色後之顧客反應，把新舊產品提示被調查者，如果第一次是先拿新產品出來，則第二次就得先拿出舊產品，或如果第一次新產品放在舊產品之右邊，則第二次應在左邊。

5 價格調查

一 價格調查之概念

　　一個正常之市場推銷政策，應以適當之價格為競爭手段之一，不可以最低之價格為唯一之競爭手段。所謂適當之價格，就是可以產生最多利潤之價格。為了尋找此種較適當之價格所做之調查，稱為「價格調查」（Price Research）。

二 價格調查之方法

　　理論上，典型價格調查方法，可利用詢問調查法或觀察調查法去蒐集某一產品在某些單價下之銷售量，然後推算總銷售額、總成本、利潤，以求出最理想之單價。

　　不過事實上，往往市面上已經有其他公司之同類產品，或有可代替使用之不同類產品，此時訂價之考慮因素，最主要的是同類產品現在的暢銷價格，或代替品目前之價格，而非能獲取最高利潤之一點。可見在實際價格調查時，因當時所處情形之不同，而調查之對象亦略有不同。茲說明如下。

㈠本公司之產品在市面上是屬於完全新的產品時

此時之調查方法，可依照上述典型之價格調查法，先求出最理想之單價，然後若有代替品時，再參照代替品之價格，最後決定應該訂於哪一點。如最初原子筆問市時，除應調查消費者之反應外，另應參考當時鋼筆及鉛筆之價格，以便最後決定適當的訂價水準。

㈡對本公司而言是新產品，但市面上已有同類產品時

此時之價格調查，事實上只要調查市面上同類產品之價格即可。不過，應注意的是調查市面上的價格往往不能只根據標價來判斷。此種情形即使在徹底推行不二價政策之先進國家亦有可能以某種方式減價推銷，如以退還貨款之10%，美其名為車馬費之變相打折銷售之情形。

另外，當製造公司調查價格時，往往只調查批發商買進之價格，但若可能，最好從零售價查回來，再查批發價、出廠價。第一種調查法稱為「上游主義」，製造公司是貨物之來源，因此居於最上游，只希望知道本公司下一站之價格。第二種調查法稱為「下游主義」，希望從最下游之零售價格查起，瞭解每一站之價格。

一般而言，如果本身是製造公司，批發商買進之價格可以利用種種關係調查出來。因此，上游主義較易做到；但是下游主義要查出各階層之價格，實在困難很多，不過一旦調查出來，對製造公司訂價政策以及與批發商間的討價還價非常有用，此種情形尤其在外銷海外市場時更為明顯。本省之出口商，如果瞭解對方市場上之零售價、批發價等各階層之正常價格水準，就不至於受到對方進口商之控制，也不至於被壓低價格，壓到只有最低之邊際利潤率。其調查方法只有

實地訪問各階層之廠商，一一查詢。

㈢檢討本公司舊產品之價格時

本公司之舊產品價格，往往因發生銷售量減少或利潤降低等現象，而需要再進行調查目前價格之適當性。此時之調查方法，可以用詢問調查法調查消費者之反應，或調查零售店是否有新的競爭品參加競爭。

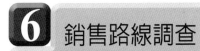

一 銷售路線調查之概念

一般來說，比較常見之銷售路線有下述數種：

1. 製造廠→總經銷→批發商→零售商→消費者

2. 製造廠── →批發商→零售商→消費者
　　　　　　　　（或經銷商）

3. 製造廠──────── →零售商→消費者
　　　　　　　　　　　（或經銷商）

4. 製造廠─────────→本公司推銷員→消費者

以上各種路線，往往也有混合採用的，如採用第 2. 種路線以後，再派本公司所屬推銷員直接訪問大用戶從事推銷等。在如此複雜多種之銷售路線中，究竟採用哪一種路線才能增加銷售量？這就是銷售路線調查（Distribution Channel Reserch）的主要目的之一。

如果能夠找到強而有力之總經銷或批發商，通常指定總經銷或少數之批發商為經銷商，可以減少製造廠許多的麻煩，並能增加銷售量。可是哪一家才是強而有力之經銷商？為探求此答案，亦為銷售路線調查目的之一。

雖然能夠找到非常適當之經銷商，不過有時愈是銷售能力強之經銷商，所要求之條件，如佣金百分比、付款期限等，愈是不利；而且整個銷售路線上多出這一層經銷商之後，等於增加了一層之「分配成本」（Distribution Cost）。這一層分配成本之增加，能不能以銷售之增加來彌補？為探求此答案，亦為銷售路線調查之另一個目的。

綜合上述各點，可以概括地說，銷售路線調查就是為尋找能夠達到最高利潤之銷售路線或為瞭解某一特定之經銷商及零售商之銷售情形而做之市場調查。

二　銷售路線調查之方法

銷售路線調查之最簡單而有效的方法，就是調查現有同業所採用之較成功的銷售路線。惟此種資料較難獲得，不過有時可以委託同業公會，或專門經辦市場調查之公司，以第三者之身分代為調查，可以獲得概略之資料。

如果無法獲得以上之資料，則可以一般經營類似項目之批發商及零售商為對象，實施詢問調查，調查項目包括：經營項目、項目別營業額、利潤率、顧客階層及往來情形，對獨家總經銷之意見等。

7 廣告調查

一 廣告調查之概念

在本章第一節「概論」中曾經提到，製造公司為了要銷售他們所生產之產品，不但要生產適當之產品、訂出適當之價格、經過適當之銷售路線，還要採取種種之推廣活動，來博取顧客之歡心，引起顧客之購買慾望，才能順利地達到大量銷售之目的。

此種各色各樣之推廣活動，可以概括地歸納為下述三大類：

1. 廣告。
2. 個人之推銷，如貨員挨家挨戶訪問兜售。
3. 其他補充性之銷售推廣，如贈獎、競賽、展覽、操作示範、廉售等。

在以上三大類中，對於與市場調查關係較密切之大眾消費品而言，效果最大，而且普遍被工商界所利用之方法為廣告。因此，本文只以廣告調查為研究對象，以代表各種推廣活動調查之研究。

二　廣告調查之目的

廣告之目的既然在於引起顧客之注意及購買慾望，那麼廣告調查之目的是：「調查廣告是否確能引起顧客之購買慾望。」此可以從二方面來說：其一是設法事先調查廣告計畫是否適當？如「廣告稿是否確能引人注目？」「哪一種廣告媒介比較受到大眾的歡迎？」等。另一方面則是設法事後調查廣告之效果怎樣。

三　廣告調查之範圍

廣告調查之範圍主要包括：事前之廣告稿調查、廣告媒體之調查，以及事後之廣告效果測定。茲分別詳述於後。

㈠事前之廣告稿調查

這是在廣告尚未付諸實施之前，對廣告之原稿做讀者（或聽者）之反應調查，以改善其缺點之調查法。此處所指之廣告稿，不但包括報紙、雜誌、廣告單等書面的靜態文字及圖畫，自然也包括電視、收音機等之活動影片及口頭念詞。此種調查依照實施方法之不同，可以再分為以下數種調查方法：

1.意見調查法

此法乃把廣告稿展示於被調查人面前，詢問其意見之方法。不過，此種調查也與產品調查一樣，如果沒有評判標準

或比較對象，不容易問出具體意見。如當看到甲廣告稿時，王君說「好」，而許君說「平平」，可是當再請王、許二君比較甲與乙二張廣告稿時，王君之意見是乙比甲好，而許君之意見很可能是甲比乙好。可見在沒有比較之前，王君對甲稿之評價很高，可是比較後卻曉得不盡如此。

因此為了避免類此之不合理現象，實施此種調查時，可同時提示二張廣告稿，請被調查者比較優劣；也可同時提示三張以上之廣告稿，請被調查者評定第一位、第二位、第三位等名次。

如果要瞭解更詳細之意見，可以設計一張表（如表3-1），列出所希望調查之若干要點，逐一請被調查者比較評分。不過，此時要注意的是，當要閱讀第一項問題「標題」時，所有別的問題暫時不去考慮，從甲稿一直翻到丁稿，比較標題之好壞，然後再從頭比較第二項問題「圖面顏色」。

表3-1

請在甲、乙、丙、丁四張廣告稿中比較下列各項問題後評定名次：					
	標題	圖面顏色	圖案內容	圖內文字	合計
甲稿					
乙稿					
丙稿					
丁稿					

2.儀器測驗法

目前利用各種儀器來測驗被調查者對廣告稿反應情形之方法很多，其中較為普遍的就是第二章「觀察調查法」中所提到的「眼相機」（Eye-camera），用以追蹤被

調查者之眼睛注視廣告稿之情形，以及「心理電波計」
（Psychogalvanometer）。

利用心理電波計時，先把此測定汗腺之儀器連結在被調查者的手指上，然後放映或展示廣告稿。如果被調查者因此受到刺激而出汗時，儀器上立刻可以顯示流汗程度，因而可以測驗廣告稿之效果。此種汗腺測驗法之主要優點，就是可以利用人的汗腺並無法由本身之意識所控制這一點，來測驗被調查者之反應。不過，其缺點是無法瞭解此種反應是良好的反應或不良的反應。為了補救此一缺點，可併用詢問調查法。

3.節目分析法

此法主要是用於電視節目之觀眾反應調查。電視節目往往時間較長，如果放映完畢後再詢問被調查者之意見，恐怕有很多地方已記憶不清，因此在節目放映中請被調查者隨時利用椅子手把上之紅、綠二種按鈕來表示本身之感想：好的反應，按綠鈕；壞的反應，則按紅鈕。如此放映完畢後，便可以得到紅、綠二鈕之分別紀錄時間，也可以藉此調查結果改善紅鈕較多之部分。

此種方法可以說改善了汗腺測驗方法無法瞭解正負反應之缺點。不過，因為按鈕是人為動作，往往看到好的節目後再意識到按鈕，已有一段時間上之脫節。

㈡廣告媒介之調查

雖有一良好之廣告稿，但是如果沒有經過良好之廣告媒介，在適當之時間、地點做廣告之效果，也絕不會理想。如農機及飼料廣告如果在晚上十一點以後之電視或廣播節目中

播放，那麼因為農民大部分都有早睡早起的習慣，在此種時段已不收看或收聽節目，因此此種廣告時段之選擇是不適當的。此外，又如化妝品廣告在《國語日報》上刊登，或在南部表演中之馬戲團、在東部之報刊上登廣告等，都是廣告媒介選擇不適當之極端例子。可見為了收到良好之廣告效果，必需先瞭解「哪些廣告媒介是由哪些人所利用？」「哪些節目之收視率或收聽率怎樣？」等問題。為了這些目的而做的調查，稱為「廣告媒介調查」。

目前各國較主要之廣告媒介有：報紙、電視、雜誌、廣播等。關於此，可從各國廣告費分配之情形引以為證，如表3-2（一九六八年資料）。

由表3-2可見報紙、電視、雜誌、廣播等四種媒介所占廣告費比率高達70%以上。本文亦以此四種媒介為對象，研究媒介調查所應調查之事項及調查之方法。

表3-2

媒體別＼國別	中華民國	日本	美國
報紙廣告	42.3%	35.4%	29.2%
電視廣告	16.2%	32.8%	17.5%
雜誌廣告	2.4%	5.5%	7.3%
廣播廣告	10.7%	4.4%	6.4%
郵送廣告	3.0%	4.0%	14.6%
戶外廣告	11.4%		
電影廣告	5.9%	17.9%	24.6%
其　他	8.1%		
合　計	100%	100%	100%

1.報紙及雜誌

在報紙及雜誌之媒介調查中，應該調查之事項包括發行份數、讀者階層、各媒介之性格等問題。茲分述如下。

⑴發行份數

每一種報紙或雜誌之發行份數，自然是直接影響廣告效果之最重要因素。不過，廣告費收費標準也與發行份數成正比之增減。一般來說，發行份數之資料雖不公開，但都可以從有關公會或政府機構索得。若這些機構仍無可靠資料，也可以用抽樣調查方法估計大約之發行份數分配比率。

發行份數之調查，應該至少細查到地區別之資料，如《聯合報》在臺北地區多少份、臺中地區多少份、高雄地區多少份等。此種地區別之資料，尤其在美國等市場較大之國家更為重要，因為某一報紙很可能在紐約占極重要之地位，而在加州則毫無份量可言。

現以日本《朝日新聞》一九六〇年六月到九月間之銷售份數、地區別資料為例說明。該報銷售份數分布情形如下表（表3-3）：

表3-3

地區別	銷售份數（％）
東　　北　　地　　區	14.3
關東地區（東京除外）	31.5
東　　京　　　　都	39.4
中　　部　　地　　區	14.7
其　　　　　　他	0.1
合　　　　　計	100.0

（資料來源：日本電通廣告公司）

　　現假定在該《朝日新聞》上編列100萬圓之廣告費，則廣告費之開銷地區別分布情形，也與該報之銷售份數分布情形相同。其他再根據調查得各地區之購買力分布比率，如下表（表3-4）。由表3-4中購買力與廣告費開銷分布等兩欄數字之比較，可知廣告費開銷之分布情形與各地區之購買力分布比率極為相近，因比可以斷定在《朝日新聞》刊登廣告，確實可以收效。

表3-4

地區別	購買力（%）	廣告費開銷分布（萬圓）
東　　北　　地　　區	15.7	14.3
關東地區（東京除外）	29.0	31.5
東　　京　　都	39.4	39.4
中　　部　　地　　區	15.8	14.7
其　　　　　　他	5.1	0.1
合　　　　　　計	100.0	100萬日圓

（資料來源：日本電通廣告公司）

(2)讀者階層

　　廣告媒介之讀者階層是否與本公司產品之可能顧客同一階，也將影響廣告之效果。如《女性》月刊之讀者可能大部分為年輕女性，與化妝品之可能客戶完全屬於同一階層，因此化妝品製造公司如果選擇《女性》月刊刊登廣告，應屬上策。

　　通常讀者之階層，可由性別、年齡別、職業別、所得別等因素來判斷分類，此種資料難以蒐集。不過，如果比較專門之報紙雜誌，如經濟新聞、體育新聞、同業公會出版之雜誌、《女性》月刊等，因其性質特殊，其讀者階層也較容易判斷。

(3)各種媒介之特殊性格

有很多雜誌，除了發行份數、讀者階層因素以外，還有很多特殊之因素，可與其他之媒介作區別。如在臺灣若要查閱海運航線，可以尋找《中華日報》；若要查閱臺北市區房地產買賣，可以尋找《中央日報》等，都有與其他報紙稍有不同之特點。此後媒介之特殊性格，也是媒介之特殊性格，也是媒介調查中所必須瞭解的因素之一。

2.廣播及電視

在廣播及電視調查中所需要調查之項目主要有：廣告節目及插播（CM）調查、視聽率調查等。前者在性質上同於事前之廣告稿調查，其調查方法也大致相同，因已在前面說明，此處不再贅述。視聽率調查之主要目的，在於瞭解「某一節目有多少人看或聽？」「這些人是屬於哪一階層？」等問題。

廣播調查之情形，正式稱為「收聽率調查」，電視調查則稱為「收視率調查」，在此為方便起見，併稱之為「視聽率調查」，而且事實上在電視之情形，確也包括「視」與「聽」之作用在內，至於調查方法則二者大致相同。

視聽率調查方法較為常用的有如下數種：

(1)日記式調查法

就是把調查表用日記簿方式，請被調查者按日記載當天所收看或收聽之節目，以便彙總統計之方法。此種調查法因絕不可能以一天之調查結果為依據，因此需使用固定樣本調查法，連續調查一週或兩週。調查內容應該包括下列問題：

・所收看或收聽之節目？

‧所收看或收聽之人數？包括男女別、年齡別資料。

因每天之節目繁多，最好調查表上印好所有電臺及節目名稱，然後請被調查者選擇。

在辦理此種調查時，應注意所調查之對象要先規定以電視機（收音機）為單位或以個人為單位。如果以電視機（收音機）為單位，則任何一個人扭開此部被調查之電視機（收音機）都要記錄下來；如果以個人為單位，則只記錄此被調查者之收看（收聽）情形。

(2)電話調查法

是利用電話在極短時間內，詢問若干家被調查戶目前收看或收聽廣播情形的一種調查方法。此種調查一定要在電話相當普遍的地方始有可能，而且因為要在同一節目播放時間內全部問完，因此一部電話機往往一次只能調查極為有限之樣本數目，這些問題是此種電話調查法實施上的困難之點。

不過，此種調查可以當場查詢收看或收聽之情形，有如刑警人員捕獲現行犯。一般言之，其調查結果較為確實。

(3)儀器調查法

是把儀器裝置在電視機內，記錄電視機扭開開關情形之調查方法。前述「Vedio-Research方法」，就是一項典型之實例。此Vedio-Research，是日本電通廣告公司所使用之調查方法。此外，美國ARB公司所使用之儀器（Atbitron）調查方法，也是屬於同一類型之調查方法。此法之優點在於調查結果沒有人為之錯誤因素，因此極為確實；但其缺點為無法瞭解收看或收聽人數及其階層有關資料。

(三)事後廣告效果之調查

1.銷售量調查法

是在辦理廣告後，調查銷售額有無增加之方法。理論上，銷售量增加，則廣告效果好；反之，則為效果不好。不過事實上，影響銷售量之因素很多，如氣候突變、法令更改等，可能使再好的廣告亦無法使銷售量增加。為補救此缺點，可用實驗調查法，即設定實驗市場及比較市場，並只在實驗市場做廣告，若其銷售量確較比較市場多，則可斷定此廣告之效果良好。

2.記憶調查法

乃在經過廣告調查地區者，詢問其記不記得廣告內容之方法。此法可把以前所做之廣告剪下來提示被調查者，再詢問：「有沒有看過這個廣告？」亦可不提示任何廣告稿，即問：「最近一週中看過哪一種廣告？」前法稱為「再確認法」（Recognition Test），後法稱為「回想法」（Recall Test）。

3.來信調查法

是在廣告中附上一句：「歡迎來信索取說明資料及樣品」或「歡迎來信指教，當奉送贈品」等字樣，並以回信多寡測定廣告效果之方法。此法之缺點在於來信索取資料、樣品或贈品的人可能並非真正之顧客，大多為好奇之年輕人，因而無法測定廣告真正之效果。不過，因為至少可以證明來信的人看過廣告，故仍不失為相當精確之調查方法。

第四章

問卷的設計

CHAPTER 4

在利用詢問法蒐集資料時，不論是使用人員訪問、電話訪問或郵寄問卷之方式，常須依據研究之目的及實際情況，設計一份適用之問卷，俾能將蒐集之資料標準化，便於做直接之比較，並增進資料處理之速度和正確程度。

問卷之設計並非易事，若問題之用語欠妥，則可能招致受訪問者之誤解，甚至弄巧成拙，引起反感；又問題之先後順序不同，也可能導致不同之答案而影響調查結果。研究人員在設計問卷時，務必極為謹慎、小心從事，以免因問卷設計之不當而破壞了整個市場調查工作。

 # 問卷設計的程序

問卷之設計大多要依賴研究人員之經驗及技巧，迄今尚無一可「放諸四海而皆準」之程序可供研究人員遵循。不過，勃德（H. Boyd, Jr.）及韋斯特弗（Rr. Westfall）曾提出問卷設計之九個步驟，或可幫助研究人員做好問卷之設計工作，提高問卷品質。此九個步驟為：(1)決定所要蒐集之情報，(2)決定問卷之類型，(3)決定問題之內容，(4)決定問題之形式，(5)決定問題之用語，(6)決定問題之先後順序，(7)決定問卷版面之佈局，(8)預試，(9)修訂及定稿。茲分述如下。

一　決定所要蒐集之情報

問卷之目的乃在向受訪問者蒐集所需之情報資料。研究人員首先必須瞭解並確定所要之情報為何，然後才能著手設計問卷。對於所要蒐集之情報，應詳細說明其有關之特徵，不可含糊籠統或模稜兩可。如果只是很籠統地說明所需之情報是有關某消費品之市場構成情形是不夠的，而應進一步確定所謂的「市場構成」，是指該產品消費者之年齡、性別、所得、教育程度或其他有關之特徵。

二　決定問卷之類型

「詢問法」所常用之方式，不外乎「人員訪問」、「郵寄問卷」及「電話訪問」等三種，而各種方式所用之問卷類型都不一樣，研究人員應依據調查之目的及對象，選擇適當之方式，然後決定問卷之類型。

三　決定問題之內容

在確定所要蒐集之情報及問卷之類型後，即可決定問卷中應包括之問題或項目。在決定問題之內容時，應考慮下述問題：

(一)這個問題是否必要?

問卷中儘量不要包含與研究目的無關之問題,以免增加受訪者之負擔及資料處理之時間和費用。但是有時為了要引起被訪問者之興趣,可以包括一些無關但有趣的問題。

(二)被訪問者能否答覆?

有些問題是被訪問者無法答覆的,其原因有四:

1.被訪問者本身沒有答案,不能做有意義之答覆。

2.被訪問者缺乏經驗,譬如他沒有使用某品牌之經驗,自難答覆有關某品牌品質之問題。

3.被訪問者無法用文字或語言表達意思。

4.被訪問者雖有經驗,但已記不得了。

在擬訂問題時,應考慮這些因素,將問題做適當之修訂。譬如:「與其他的可樂相比較,你認為黑松可樂的味道如何?」此問題問得直截了當,不過,除非被訪問者喝過黑松可樂,否則他將難以答覆此問題,因此最好在問本問題之前,先確定受訪問者是否喝過黑松可樂,其方法有二:

1.直接法:即直接問被訪問者:「你在過去半年中有沒有喝過黑松可樂?」

2.間接法:即問被訪問者:「你在過去半年中喝過哪幾種品牌的可樂?」

(三)被訪問者願不願意答覆?

人們常常不願意答覆那些令人困窘的問題,譬如有關金錢、家庭生活、政治信仰等問題,除非必要,應予避免;若有必要,應注意提出之技巧。常用的方法有:

1.訪問者在提出這類問題之前,先聲明這種行為是很平常的,設法沖淡被訪問者侷促不安的感覺。

2.將這類問題混雜在其他不令人為難的問題中。

3.問卷不具名,並由被訪問者自行密封寄回。

4.將各種可能之答案用字母或符號代表,讓被訪問者用字母或符號來答覆。譬如要調查教育程度,可用A代表「小學程度」、B代表「中學程度」、C代表「大專以上」,然後由被訪問者按A、B、C作答。

(四)被訪問者是否要費很大的力氣去蒐集答案?

有些問題所要之情報並不是被訪問者即刻就可以答覆的,必須花費相當之時間及力氣才能整理出來,很少人肯為了答覆一個問卷之問題而花費那麼大的力氣,因此他可能胡猜亂答,甚至將問卷丟到字紙簍中。除非絕對必要,應儘可能避免這類問題。

四　決定問題之形式

個別問題之內容一經決定,即可著手擬定實際問題。在確定問題用語之前,先要決定問題之形式。問題之形式主要有三種:(1)開放題,(2)選擇題,(3)是非題或二分題。茲分別敘述如下。

(一)開放題

不提供可能的答案,允許被訪問者用自己的話語或文字自由答覆此問題。譬如:「你最喜歡喝哪一種可樂?為什麼?」「你為什麼購買三洋牌電視機?」「你抽煙的歷史已有多久?」等,都是開放式問題。其優缺點分述於下:

1. **優點**

比較不影響受訪問者之答覆，因其不提示任何可能之答案。同時，它允許被訪問者自由答覆，暢所欲言，容易引起受訪問者之興趣，取得他們的合作，此對調查意見之「質」的提高頗有貢獻，亦可減少「棄票」現象。

2. **缺點**

(1)易發生訪問員解釋上之偏見。譬如在人員訪問時，訪問員通常無法記錄被訪問者所答的每一句話，只能摘要記下，摘要時很可能摻雜訪問員本人之主觀意見在內，因此調查之結果可能是被訪問者與訪問者之綜合意見，而不僅是被訪問者個人之意見。

(2)所得及教育程度較高者比較能言善道，他們在答覆開放式問題時能夠詳述其意見，提供較多之觀點，無形中發生一種不合理之加權現象。

(3)答案之整理及編表困難。由於每一個受訪問者的答案長短不一、用字不同、漫無尺度，易生枝節問題，因此在整理結果、編製表格時，不易把握時間、費時而且困難。在整理答案時，通常是由一個編輯者先將部分或全部答案瀏覽一遍，決定幾個類別，然後將各個答案歸併入各類，此種過程當然是很費時的，而且容易因編輯者主觀判斷之錯誤而影響調查結果之正確性。

(二)**選擇題**

提供一些可能之答案，讓受訪問者從中選擇其一。譬如：

你為什麼購買大同牌電視機？請在下列你認為合適之理由上打「√」。
　　□品質優良
　　□價格公道
　　□外表美觀
　　□服務周到
　　□其他（請說明）＿＿＿＿＿＿＿＿＿＿＿＿＿＿＿＿＿＿

　　選擇題應包括所有可能之答案，且應避免重複之現象，以免令被訪問者有莫所適從之感。譬如：

你平均每天花多少時間看電視節目？
　　一小時到三小時　　□
　　二小時到三小時　　□
　　三小時到四小時　　□
　　四小時到五小時　　□

　　如果某一答卷者平均每天花半個小時看電視，他將不知如何答覆；又若答卷者平均每天看電視之時間正好是三小時，他也將不知如何選擇。因此，上述問題應修訂為：

你平均每天花多少時間看電視節目？
　　一小時以下　　　　　□
　　一小時到二小時以下　□
　　二小時到三小時以下　□
　　三小時到四小時以下　□
　　四小時到五小時以下　□
　　五小時以上　　　　　□

　　選擇題列舉所有可能之答案，且答案有一定之範圍，因此被訪問者易於取捨，而且不至於發生調查人員解釋上之偏差，結果之整理及表格之編製亦較省時容易，此為其優點。然而，問題中所建議之答案可能影響答卷者之選擇，譬如某人之所以購買大同牌電視機純粹是因為地利（因為大同服務

站就在他家附近），但問題中所提示之理由，諸如價格、品質、服務、外觀等，可能使他認為合理而加以選擇，至於「地利」這個理由，則因為問題中未予提示，反而可能被忽略了。此外，各項可能答案出現或排列之順序也可能影響答卷者之選擇，一般言之，排在第一項的答案被選出之機會較大。

(三)二分題

二分題只有二個選選：「是」或「非」、「火車」或「汽車」、「喜歡」或「不喜歡」、「應該」或「不應該」等。譬如：「你家的電視機是彩色的？還是黑白的？」「你是否喝過可口可樂？」都是二分題之形式。

二分題因其答案明顯、統計便利、研判清晰、反應快速，故答卷者易於答覆，而調查者亦易於整理結果及編製表格。不過，有些問題表面上看起來只有二個選擇，事實上並非如此。譬如：「你明年是否準備購買一臺彩色電視機？」這個問題表面上好像只有二個答案：「是」或「否」，其實不然，因為有些人不能確定是否購買，只知道可能購買或可能不購買，有的人甚至連「可能」、「不可能」購買都不知道。因此，這個問題的可能答案有五個：(1)是，(2)否，(3)可能購買，(4)可能不購買，(5)不知道。

有些問題雖然只有二個選擇，但對某些答卷者而言，這二個選擇並不互相排斥。譬如：「你家的電視機是黑白的？還是彩色的？」有些家庭黑白及彩色電視機都有，在這種情況下最好改用「選擇題」，或在題目中加上「二者都有」之答案。

五　決定問題之用語

問題之用語必須簡單、人人可懂，應避免用生僻難懂之字眼，問題之意義必須明確，至於語意含糊之用字應加以解釋，譬如：「你閱讀某雜誌之情形如何？⑴經常閱讀，⑵有時閱讀，⑶很少閱讀，⑷不曾閱讀。」其中何謂「經常閱讀」、「有時閱讀」、「很少閱讀」等，都應該加以解釋清楚。有時有二個用語或措辭，難以比較其優劣和決定取捨，此時，可將問卷分成二半，各用一個用語。

六　決定問題之順序

問卷中問題之先後順序，與調查之結果很有關係。在個別問題確定之後，應考慮其排列順序問題。

1.第一個問題特別重要，必須一開始就能引起被訪問者之興趣與注意。有時為了達到這個目的，不妨穿插一個或幾個與調查目的無關但有趣之問題作為開場白。

2.前面幾個問題，必須是簡單易答之問題，以培養受訪者之信心，讓他感覺到他有能力回答所有問題。

3.考慮前面之問題對下一個問題可能的影響。葛羅斯（E. Gross）曾研究問題之次序對購買興趣之影響，將受訪者分成五組，並設計了五種不同之問題順序：

⑴在將某一產品之各種特徵告訴被訪問者後，立刻問他對該產品之購買興趣。

⑵先問被訪問者此產品之優點何在，再問購買興趣。

(3)先問此產品有什麼缺點，再問購買興趣。

(4)先問此產品之優點，再問其缺點，然後才問購買興趣。

(5)先問此產品之缺點，再問其優點，然後才問購買興趣。

每一組受訪問者只接受一種問題順序，其結果（見表4-1）明顯地指出：「在問到購買興趣之前，若提及該產品之優點，將提高受訪問者之購買興趣；若提及缺點，則降低其購買興趣。」

表4-1 問題順序對購買興趣之影響

購買興趣之程度	問題順序				
	① 先說明特徵	② 優點	③ 缺點	④ 先優點再缺點	⑤ 先缺點再優點
非 常 有 興 趣	2.8%	16.7%	0.0%	5.7%	8.3%
有 些 興 趣	33.3	19.4	15.6	28.6	16.7
有 一 點 興 趣	8.3	11.1	15.6	14.3	16.7
不 很 有 興 趣	25.0	13.9	12.5	22.9	30.6
一點興趣都沒有	30.6	38.9	56.3	28.5	27.7
合 計	100.0%	100.0%	100.0%	100.0%	100.0%

來源：E. J. Gross, 1964, p. 41

4.問題先後應按照一個合理之順序來排列，避免突然改變問題之性質，以免受訪問者感到混淆、難以作答。

七 決定問卷版面之佈局

問卷外觀將影響受訪問者對研究之態度。如果問卷的紙

質低劣、印刷不好，可能使受訪問著認為這項調查無足輕重、不值得重視，因此也不值得花時間去回答；相反地，如果紙張好、印刷精美，將會使他認為這項研究有價值、有意義。

如果問卷頁數超過一頁，每頁都應編號，便於檢查問卷是否齊全；同樣地，問卷中之問題也要依序編號，以防止在整理結果及編表時發生錯誤。

又問卷之大小應適中，太大或太小都不適宜，其大小應考慮到攜帶、分類、存檔或郵寄之方便。問卷應有足夠之空間供填寫答案之用，如果是採用開放式問題，此點尤應注意。問卷版面之佈局應很清楚，使訪問員容易依序發問，或使答卷者容易依序作答，不致發生錯誤和不便。

八 預試

在問卷設計完成後、正式調查展開以前，應先加以預試，以便發掘問卷之缺點，改善問卷之品質。第一次預試最好採用人員訪問法，俾能直接瞭解受訪問者之反應和態度；如果將來正式調查時是利用郵寄或電話訪問方式，則以後的預試可採郵寄或電話訪問法，以發掘在特定之詢問方式下可能發生的問題，及早謀求解決之道。

預試之樣本通常很小，約二、三十人，惟預試時之樣本與正式調查時之樣本（被訪問者）在某些重要特徵方面應力求相似。預試時，應儘可能利用第一流之訪問人員，只有那些經驗豐富、能力高強的訪問員，才能夠看出受訪問者對問卷之微妙態度和反應。

　　經過預試後，常要更改問題之用語字句，以便問題之意義更為明確清晰；改變問題之先後順序，甚至要增加或刪除一些問題。預試通常只做一次就夠了，惟在某些情況下，必須一做再做，直到問卷令人滿意為止。

九　修訂及定稿

　　根據預試之結果修訂問卷，直到沒有修訂之必要時為止，即可最後定稿，準備付印。

2　問卷之格式

　　擬訂問卷時，應考慮問卷之結構及偽裝之程度。依照休諾（B. Schoner）及尤爾（K. P. Uhl）的解釋，所謂「結構程度」（Degree of Structure）是指將問卷中之問題以及可能的答案予以指定之程度；而「偽裝」（Disguise）則指是否向受訪問者表明研究贊助人或主辦人，以及研究目的。

一　結構式問卷與非結構式問卷

　　在一個結構式問卷中，包括一系列特定之問題，受訪問者通常只要回答「是」、「否」或在適當地方打個「×」或「√」號即可。郵寄問卷之問題，應力求結構化，少用開放式

問題。如果郵寄問卷中有開放式問題，則受訪者可能略過這些問題，或只填上簡單答案，敷衍了事；如果開放題太多，則受訪問者可能乾脆不回件，將整個問卷丟到字紙簍中。

利用人員訪問時，則可允許採用比較非結構式之問卷，讓訪問員可以隨機應變，根據受訪問者之答覆來提出問題，設法得出答案。

二　偽裝問卷與明示問卷

問卷依是否隱藏調查目的及主辦者而有「明示問卷」（Nondisguised Questionnaire）與「偽裝問卷」（Disguised Questionnaire）之分。「明示問卷」明白向受訪問者表明研究之目的，以及主辦該項研究之人員或機構；而「偽裝問卷」則將研究之目的及主辦者加以巧妙地偽裝。

某項研究之問卷結構及偽裝程度應該怎樣，應視該項研究所要蒐集之情報為何、受訪問者為誰、訪問方式及其他有關環境因素等而定。

3 實例研討

範例 1 創業基本管理能力量表問卷

一、行銷管理之基本概念

【情境概述】：由於受季節、時間或地點的影響，常使得產品產生不同數量的需求，故某公司希望不因淡旺季的差別而影響銷售成績。

林先生身為某公司的行銷經理，必須運用促銷方式來鼓勵消費者使用、維持市場需求，使銷售量維持在尖峰狀態。

1.下列有關林先生對於產品或服務行銷之敘述，何者錯誤？
(A)設計產品或服務，以滿足顧客的需求　(B)將私人或社會需求轉化為有利商機　(C)行銷就是一連串將產品或服務推銷給顧客的過程　(D)因為迫切需要業績，因此一心只想將商品推銷出去而不顧顧客的感受

2.下列何者為林經理應有的行銷概念？　(A)對於廣告中與自己想法相同部分，消費者會加以誇大，不同部分則會簡化之(B)廣告的效果會受到消費者教育水準的影響　(C)廣告的目

的是希望將訊息傳播給消費者，以吸引他們購買　(D)以上
皆是

3.請問林先生在行銷程序的主要步驟為何？　a.行銷機會的分
析　b.規劃行銷方案　c.設計行銷策略　d.研究與選擇目標
市場　e.組織、執行與控制行銷努力　(A)abcde　(B)adbce
(C)adcbe　(D)acbde

4.下列何者銷售對象對銷售人員而言的機會與挑戰最高？
(A)直接再購買之顧客　(B)修正再購買之顧客　(C)新購買
之顧客　(D)以上皆非

5.若林先生將進行有效的個體行銷，應開始於哪一個步驟？
(A)公司生產的決策　(B)評估公司總體行銷系統的有效性
(C)發現潛在的顧客需求　(D)說服顧客購買公司產品

6.在企業經營時，不能忽視消費者權益，應維持企業與客戶平
等互惠的原則。若傷及消費者的權益，可請求下列何者法規
保護？　(A)公平交易法　(B)消費者保護法　(C)以上皆是
(D)以上皆非

二、目標市場區隔與選擇

【情境概述】：廣大市場的消費者因其習性、需求皆不同，
故林先生必須確實掌握目標市場的區隔，針
對不同的市場進行有效的企業資源分配，以
發展產品、擬訂行銷策略。

1.關於掌握目標市場區隔之敘述，何者正確？　(A)先決定
市場區隔，確定針對的銷售對象之特性　(B)再界定目標市
場，決定要採行之銷售策略　(C)接著做產品定位，說明自
己產品的特點　(D)以上皆是

2.如上題，在選擇目標市場區隔時，公司必須優先考慮哪些因素？　(A)區隔市場所需成本與可能的收益　(B)目標市場的大小　(C)目標市場的遠近　(D)以上皆非

3.下列何者為林先生發展目標市場行銷策略的首要步驟？　(A)分析潛在顧客的特性及需求　(B)定義市場並辨認區隔市場　(C)針對區隔市場發展策略　(D)分析競爭者定位

三、行銷策略

【情境概述】：行銷部門林經理為建立消費者偏好、信服、購買，而採取許多推廣行銷策略，激起消資者擴大需求慾望，進而產生購買行為的推廣活動。

1.當林經理在進行公司產品或服務之促銷時，下列有關活動促銷的敘述，何者錯誤？　(A)促銷的目的，是希望誘發消費者購買動機　(B)促銷的對象，可以是中間商，也可以是最終消費者　(C)促銷的最終目標，為鼓勵大量購買　(D)為達成促銷目的，可以枉顧影響交易秩序之行為

2.林經理為了使消費者更瞭解公司所推出的產品與服務，因此考慮藉由廣告的方式以達成目標。下列有關廣告之敘述，何者正確？　(A)廣告應從消費者利益著手　(B)廣告訊息的可信度要高　(C)廣告訊息應具備獨特性　(D)以上皆是

3.對於市場上尚未出現之商品，行銷部門人員的任務為何？　(A)加強行銷　(B)開發行銷　(C)同步行銷　(D)扭轉行銷

4.在行銷工具中，不必付費即可獲得媒體報導的是　(A)報紙商業廣告　(B)電視商業廣告　(C)雜誌商業廣告　(D)公共報導

5.公司對於銷售人員管理的第一步應為何？ (A)擬訂人員推銷的策略 (B)決定銷售人員之規模 (C)編組銷售人員之組織 (D)設定人員推銷的目標

四、行銷研究

【情境概述】：行銷部門往往會面對許多未知或是資訊不充足的問題，此時都有賴林經理帶領行銷部門進行行銷研究，以找出問題的解決之道。

1.下列對「行銷研究」的描述，何者錯誤？ (A)行銷研究，是為了解決特定的行銷問題 (B)行銷研究的結果，可作為決策的基礎 (C)行銷研究必須有系統的執行 (D)企業不需要做行銷研究，只憑高階主管的直覺行事即可

2.當林經理進行「行銷研究」時，下列何者為第一步驟？ (A)決定研究目標 (B)發展研究設計 (C)界定所要解決之問題 (D)以上皆非

3.下列何者屬於行銷情報系統之功能？ (A)提供產品銷售狀況 (B)建立行銷資料庫，以配合行銷研究 (C)支援決策者做決策 (D)以上皆是

五、二十一世紀之行銷

【情境概述】：跨入二十一世紀後，行銷環境更加多元化，公司若只依賴傳統的行銷方式將不再具有利基。因此，林經理必須更瞭解更多嶄新的行銷概念與行銷工具，以面對競爭激烈的市場環境。

1. 下列有關「社會行銷」的描述，何者正確？ (A)有計畫地改變公眾行為，引起正面社會變遷的行動 (B)同時能兼顧消費者及社會的福祉 (C)透過影響目標對象的自願行為，增進個人及社會的福利 (D)以上皆是

2. 下列有關「綠色行銷」的描述，何者正確？ (A)強調產品節能及環保之概念 (B)只要是社會行銷，就是「綠色行銷」 (C)「消費者保護主義」，是「綠色行銷」的一環 (D)以上皆是

3. 適用於網路行銷之產品或服務之特性，下列敘述何者正確？ (A)與電腦連結之產品或是服務，透過網路會有較好的行銷效果 (B)如果購買前是需要實際、試用或觸摸到，則在網路從事銷售較易成功 (C)產品的組裝和訂購的過程可以簡易化和自動化，則此產品比較難在網路上銷售 (D)以上皆非

4. 「網路行銷」往往會和「傳統行銷」進行比較，下列何者<u>不屬於</u>「網路行銷」的優勢？ (A)倉儲成本低，存貨可依訂購情況調整 (B)營運成本低，可以大量提供多樣化商品 (C)廣告成本低，且顧客涵蓋全世界 (D)訊息傳遞方式單一

5. 下列有關「網路行銷」策略之敘述，何者正確？ (A)搜尋引擎策略：友好連結，提升曝光率 (B)電子報推廣策略：寄電子郵件給用戶，傳遞產品訊息 (C)超連結推廣策略：增加網站搜尋曝光率 (D)以上皆是

6. 下列何者<u>不是</u>採用「網路行銷」之原因？ (A)網路普及化，臺灣上網人口逐年增加 (B)網路涵蓋幅員極廣，潛在客戶可能跨越五大洲 (C)各行業的競爭愈來愈激烈，提供的商品與服務五花八門，使用者為了節省消費時間，通常會先上網搜尋相關產品及服務的資訊 (D)顧客可以接觸到實

體產品，試用並瞭解產品優劣後再決定是否購買

資料來源：本問卷係摘錄自中國青年創業總會所執行之「創業基本管理能力
計畫」之問卷，計畫主持人為國立臺灣科技大學企業管理技術系
廖文志教授，該計畫規劃創業者基本管理能力有五大構面，分別
是行銷管理、人力資源管理、作業流程管理、技術管理以及財務
會計，各個構面下又細分為數個子構面。

範例 2　「研發服務產業發展研討會」問卷調查

親愛的女士、先生您好：

　　歡迎各位參加本研討會，以下的問卷主要是想瞭解各位對「研發服務產業發展」之觀感與興革意見，以作為本計畫辦公室推動計畫之參考，懇請您撥冗惠賜卓見。請將問卷填寫後繳回報到處，我們備有精美禮品贈送給您，謝謝！

一、請以「✓」勾選下列題項

衡量尺度　　　　　　　　衡量項目	非常不同意	普通 →			非常同意
㈠有關「研發委外」問項	1	2	3	4	5
1.您認為在現今多變的競爭環境下，企業研發工作應儘量考慮委託外界專業單位					
2.您認為臺灣的研發能力具備國際水準，可承接國際企業之研發委外業務，提供研發出口服務					
3.企業最可能進行下列哪一種類型之研發活動委外？ □研發策略規劃類型；□涉及專門技術之領域類型；□智慧財產相關運用類型； □其他：_____					

衡量尺度 / 衡量項目	非常不同意	普通 →	非常同意

4.企業較有可能需要下列哪一種之研發服務？
□食品技術指導；□航空技術指導；□紡織技術指導；□造船技術指導；
□化工技術指導；□提供自然科學、社會人文、綜合研究之研發服務；
□市場研究調查服務；
□其他：＿＿＿＿＿＿＿＿＿＿＿＿＿＿＿＿＿＿＿＿＿＿

5.您認為下列何種產業最需要研發服務業者？
□製藥與生技業；□電子業；□半導體業；□汽車業；□光電業；□營
建業；□其他：＿＿＿＿＿＿＿＿＿＿＿＿＿＿＿＿＿＿＿＿

6.您認為企業研發委外最大的困難在於：

(二)有關「研發服務能量登錄」問項
「研發服務能量登錄」意指針對研發服務業者（註）的服務能力所建立的
認證機制。通過認證之廠商，政府將頒發證書，並於政府所屬網站揭露公
司資訊，以為國內企業委託相關業務對象選擇之參考。
（註）研發服務業者指能提供以下服務者：(1)研究服務。(2)研發技術服務
（技術預測、投資評估、專用技術或軟硬體系統、商品化或量產化、創新
或創業育成服務、設計、實驗、模擬或檢測）。

7.請問　貴公司是否為研發服務業者？□是（請接下題）；□否（請接(三)）

8.請問　貴公司是否已取得研發服務能量登錄證書？□是；□否（您是否願
意取得能量登錄證書？□願意；□不願意，原因：＿＿＿＿＿＿＿＿＿
＿＿＿＿＿。（請接第**10**題）

9.如果證書到期，您是否願意繼續申請證書展延？□願意；□不願意（原
因：＿＿＿＿＿＿＿＿＿＿＿＿＿＿＿）

10.您認為政府可提供何種誘因，吸引企業申請研發能量登錄？（可複選）
□將能量登錄合格與否視為申請計畫經費補助的一項標準；□公開表揚
登錄合格業者；□加強宣導能量登錄的認證能力；□其他＿＿＿＿＿＿

(三)有關「高階研發人才」問項
本計畫規劃提供「高階研發人才」支援企業進行研發活動，其來源包
括：

衡量尺度　　　　　　　　　　　　　　　衡量項目	非常不同意	普通 →			非常同意

(1)學術機構研發相關人員：指在學術界教授研發相關理工醫農、管理、法律等課程，並有實際輔導產業經驗者。
(2)退休或非全職專門技術人員：範圍涵蓋曾在產、官、學、研界服務，合計工作年資至少十年以上，並具備一定經驗及能力，目前退休或非全職人員。

	1	2	3	4	5
11.您認為現今企業運用高階研發人才擔任顧問或技術輔導方式，協助進行研發活動之需求程度為：					
12.以下高階研發人才「專長」，您認為企業需求程度為何？ (1)提供研發策略規劃					
(2)提供專門技術服務					
(3)提供研發成果運用規劃服務，包括智財評價					

13.您認為目前企業最需要來自哪種「單位」之高階研發人才協助呢？
□學術機構教授或研發人員；□於財團法人任職之研發人員；□於政府單位任職之研發人員；□自產業界提前退休之研發人員；□其他＿＿＿＿＿

14.您認為何種「企業規模」對高階研發人才較有需求？
□中小企業；□大型企業；□皆有

15.您認為何種「產業」對高階研發人才較有需求？
□製藥與生技業；□電子業；□半導體業；□汽車業；□光電業；□營建業；其他＿＿＿＿＿

二、基本資料

服務單位	□大專院校；□法人機構；□民營業者 （產業別：＿＿＿＿＿＿＿）；□退休之個人
是否需要電話連絡提供您更進一步之資訊	□是：姓名：＿＿＿＿＿＿＿＿＿＿＿＿＿＿＿＿ 　　　連絡電話：＿＿＿＿＿＿＿＿＿ 　　　E-mail：＿＿＿＿＿＿＿＿＿ □否
請寫下您對本計畫之建議：	

本問卷到此結束，感謝您的配合！

範例3　網路問卷調查系統平臺評估問卷

【作答說明】

本系統評估問卷依照下列四個向度設計，單選題。

姓名：＿＿＿＿＿＿＿＿＿＿　　　性別：男□　女□

題目	非常不同意	有點不同意	有點同意	非常同意
向度一 系統功能				
01. 你認為經由討論區的參與，有助於瞭解某特定概念？				
02. 你認為討論區的功能是需要的？				
03. 你會注意公布欄的訊息？				

題目	非常不同意	有點不同意	有點同意	非常同意
04. 你認為公布欄的功能是需要的？				
05. 你認為本系統的網站連結功能是需要的？				
06. 你認為問卷管理功能可以呈現出你個人理想中完整的問卷狀況？				
07. 你認為問卷管理這項功能是需要的？				
08. 這系統對於我在研究和學習上很有用。				
向度二 介面呈現				
09. 你對本系統在操作上感到方便？				
10. 你對本系統的網頁設計感到不錯？				
11. 你對問卷內容整體呈現方式感到不錯？				
12. 我喜歡這系統的介面設計。				
向度三 操作安排滿意度				
13. 這系統可以讓問卷設計與管理更便利？				
14. 我覺得這系統比傳統的一般文書軟體建構問卷方式讓我更滿意？				
15. 我覺得這系統流程操作上很容易，讓我得心應手？				
16. 我對本系統平臺所有的功能都覺得滿意？				
17. 我認為本系統使用容易？				
18. 你願意透過此系統平臺進行問卷調查？				
19. 整體而言，我使用此系統的意願相當地高？				

第五章

抽樣方法

1 抽樣的原因及程序

一 抽樣的意義

「抽樣」（Sampling）是市場調查的重要工具之一。行銷研究人員對於抽樣的功能、抽樣的方法、抽樣的可靠性及其限制等，應有相當的瞭解。

「抽樣」與「普查」（Census）不同：「普查」乃對整個母群體（Population）加以觀察或調查，是一種完全列舉、一一調查的程序；而「抽樣」則僅觀察或調查母群體的一部分，是一種部分列舉的程序。

在論及抽樣理論及抽樣方法之前，先將幾個常用的名詞加以解釋如下。

㈠母群體

是我們所要研究調查的對象，是一群具有某種共同特性的基本單位所組成的一個群體。母群體可以是一群人，如：三十歲以上的男人、臺北市的家庭主婦……；也可以是一群事物，如；某工廠生產的產品。

㈡基本單位

係指母群體中的個別份子。基本單位係根據抽樣調查之目的而決定，不受抽樣設計的影響，譬如抽樣之目的若在於

估計每人的所得，則組成該母群體的基本單位為每一個人；若抽樣之目的在於估計每戶的所得，則組成該母群體之基本單位為每一家庭。又在同一抽樣調查中，可以有二種或二種以上的基本單位，譬如調查之目的在瞭解每人的所得及每戶的生活費用，則其基本單位有二種，即每一個人及每一家庭。

㈢樣本（Sample）

是母群體的一部分。在抽樣調查中，我們只蒐集及分析樣本的資料，然後根據樣本提供的情報來瞭解母群體。因此，所抽得之樣本務必具有代表性始可。

㈣母數（Parameter）

又稱為「參數」，乃是用以描述母群體某一屬性（Attribute）或特徵之數值，如：母群體之平均數是用以描述母群體之中心趨勢的數值；母群體之變異數是用以描述母群體之離散趨勢的數值。

㈤統計量（Statistic）

又稱為「估計量」（Estimate），係根據所抽得之樣本資料計算而得，用以推定或估計母數的數值。

㈥抽樣架構（Sampling Frame）

指母群體之名冊、索引、地圖或其他記錄。在進行抽樣調查之前，必須先瞭解抽樣的母群體為何，而抽樣構架則是對母群體定義的一種說明，是對母群體範圍的一種劃界。

二　抽樣構架

　　抽樣構架的選擇，對抽樣調查的成敗關係重大。在機率抽樣中，樣本設計（即抽樣的方法及規劃）大半受到現有的抽樣構架所左右。抽樣設計者首先要考慮到有哪些現有的抽樣構架可資利用，如果沒有合宜的現有構架，應設法建立一個為調查目的所需之抽樣構架。機率抽樣技術的好壞，主要是看是否能夠選出合適的，且能及時加以利用的抽樣構架。

　　一個抽樣構架是否合適，當然要視調查之目的而定。葉茲（F. Yates）曾提出五項評估抽樣構架的標準：

㈠足夠

　　一個好的抽樣構架應包括足夠調查目的所需的母群體。假設母群體是所有的職業婦女，如果只以在公營機構服務的婦女名冊為抽樣構架是不足夠的，因為這個構架並未包括在民營機構工作的職業婦女。

㈡完整

　　一個抽樣構架應包括母群體中的所有單位。

㈢不重複

　　抽樣構架中的基本單位，不應該在同一構架中重複出現。

㈣正確

　　抽樣構架中所列舉的單位應力求正確。在甚多情況下，由於母群體之動態性，很難獲得一個完全正確的抽樣構架。

(五)便利

一個抽樣構架應易於取得、易於使用，且可配合抽樣目的而做適當的調整變動。

三　為什麼要抽樣？

吾人最感興趣的，是有關母群體的特性或母數的數值。若能對整個母群體進行普查，得出母數的數值，自甚理想。不過，事實上，普查有其困難，不僅不經濟，有時還根本行不通，不得已只有退而求其次，先抽取母體的一部分作為樣本，從樣本的特性來瞭解母群體，以樣本的統計值來估計母群體的母數。

為什麼要抽樣？其原因主要者有六：

(一)經濟

利用抽樣，只須觀察或調查母群體的一部分，所需的人力和財力資源自較普查更節省。譬如要對某產品的所有消費者進行一項消費者普查，光是印刷及郵寄問卷、整理回件、編表等所費就極為可觀；若利用抽樣，就經濟得多了。因此，要獲得百分之百的回件率也極為困難，有些消費者對問卷置之不理，更有些消費者東搬西遷，搬到哪裡都不知道，要對他們進行調查，殊非易事，所費更不知幾許。

(二)時效

對一個研究者或決策者來說，「時效」往往最為重要。普查既費時，又常常緩不濟急；只有利用抽樣，才能迅速提供所需的情報。在一個高度競爭的企業環境中，管理者的決

策必須爭取時效、掌握機先，若採用普查的結果來做決策，可能費時誤事，只得依賴樣本所提供的情報來做決策的依據。

(三)母體過大

有許多母群體因為數目太大，實際上不可能對其做普查。譬如許多暢銷全國的日用品，消費者數以萬計，要進行普查實際上不太可能。在此種情況下，要想獲得有關母群體（消費者）的情報，只有從樣本著手。

(四)母群體中有些份子難以接觸

有時，母群體包含一些難以接觸或接近的份子。譬如我們要調查某一產品的使用者，但其中有些使用者或因為非作歹而身陷囹圄，或因精神失常而住院醫療，或因身居要職而警衛森嚴，使訪問員無法接觸；又有些使用者可能住在偏遠的高山或離島上，雖可接觸，但成本過高而難以負擔。在這些情況下，普查將遭到極大的困難，只有借助於抽樣。

(五)觀察的毀壞性

觀察的行為有時會毀壞被觀察的對象，此種情形常發生在品質管制作業中。譬如為了要試驗保險絲的品質，必須毀壞它，若要對所有保險絲的品質進行普查，勢必非毀壞所有保險絲不可，此有違品質管制的目的，因此必須抽樣。

(六)樣本的正確性

「普查」易流於草率，所獲得的情報可能比不上小心抽取、仔細調查的「樣本」所提供的情報來得正確可靠。

四　抽樣的程序

　　抽樣包括許多的工作及決策。若能對整個抽樣過程有一個概括的認識，自可有助於吾人對於各種抽樣原理及抽樣方法的瞭解。

　　抽樣的程序通常可分為四個階段，包括：確定母群體、樣本設計、蒐集樣本資料，以及評估樣本結果。

(一)確定母群體

　　這是極為重要的第一步，抽樣設計者應根據研究設計確定抽樣的母群體，亦即「目標母群體」（Target Population），對目標母群體的特徵或屬性應明確說明，建立抽樣構架，畫定母群體的界限，同時還要領先規定抽樣誤差的最大容忍限度。

(二)樣本設計

　　第二步要決定樣本的選擇及樣本的大小。抽樣設計者先要決定是採用沒有限制的抽樣設計（從整個母群體中選樣），還是有限制的抽樣設計（從部分母群體中選樣）？若採用前者，應規定選擇樣本單位的方法；若採用後者，應決定將母群體細分及抽選最後樣本單位的標準及方法。

　　此外，還要依據抽樣誤差的最大容忍限度，去決定推定的「信賴區間」（Confidence Interval）及「信賴係數」（Confidence Coefficient），並據此而計算所需樣本的大小及構成。

㑊 蒐集樣本質料

包括：指示訪問人員或觀察人員如何選擇及確認樣本單位、預試抽樣計畫、選樣及蒐集資料等。

㈣評估樣本結果

最後，應對樣本結果加以評估，看看所得到的樣本是否適合所需，抽樣計畫是否被忠實地執行。評估的方法通常是計算標準差的大小，以及檢定統計的顯著性，或是比較樣本結果及一些可靠的獨立資料，看看二者之間是否有重大的差異。

2 抽樣的誤差

「抽樣」只是觀察或調查母群體的一部分，樣本與母群體二者之間常有差異存在，樣本的統計量並不能百分之百正確地代表母群體的母數。樣本與母群體之所以有差異，主要原因有二：一是因為樣本中包含特殊的基本單位，一是由於觀察或調查的方法不當。前者所造成的差異，稱為「抽樣誤差」（Sampling Error）；後者所造成的差異，稱為「非抽樣誤差」（Non-sampling Error）。

梅爾（C. S. Mayer）及布朗（R. V. Brown）更將抽樣時發生誤差的來源分成五類：

㈠衡量

受訪問者不願或無法正確答覆問題。

㈡無反應

受訪問者拒絕接受調查或不回件。

㈢過程

在調整估計的樣本平均值時，所用的加權數係依據過時或不正確的資料。

㈣構架

抽樣構架與我們所感到興趣的母群體不相符合。

㈤隨機性

在這五類來源中，只有第五類來源——隨機性——可以利用平均數或標準來衡量。由隨機性而產生之誤差，即屬「抽樣誤差」；由其餘四類來源所造成的誤差，則屬於「非抽樣誤差」。

一　抽樣誤差

樣本中可能包括某些特殊的基本單位，破壞了樣本的代表性。發生這種現象的原因有二：

㈠運氣（或機會）

在母群體中，如果有某些不正常的基本單位存在，在抽樣時總有可能抽到那些特殊的基本單位。一個補救的方法就是利用「大數法則」（Law of Large Numbers），擴大樣本，因為那些不正常的基本單位為數很少，如果樣本少，不幸地又抽到那些不正常的單位，則樣本的代表性將大受影響；如

果樣本大，則所受影響較小。

(二)抽樣偏差（Sampling Bias）

　　抽樣時，有時會有抽到某些具有特殊特徵之基本單位的傾向，即所謂的「抽樣偏差」。抽樣偏差有時是蓄意的，有時是因為抽樣計畫不好而發生。譬如某公司要做一項食品消費者的抽樣調查，因為家庭主婦通常是食品的購買者，也較容易在家找到她們，乃決定派出訪問員利用白天上班時間到各樣本戶去訪問家庭主婦，此時即可能發生「抽樣偏差」，因為有許多主婦白天也上班，訪問員將難以蒐集到那些職業婦女對食品的意見。

二　非抽樣誤差

　　純粹是因為調查或觀察的方法不當所造成，在抽樣調查時發生這類誤差的原因至少有四：

　　1.各基本單位並非在相同的環境下接受觀察或調查，使調查的結果難以比較。譬如在衡量人們的體重時，量體重的時間（如飯前或飯後）、身上所穿的衣服、所用的體重機等條件若不相同，則衡量的結果將難以做比較。

　　2.被觀察者或被訪問者若事先知道調查的目的，也可能產生不正確的答案。譬如要調查一個人的所得，如果他事先知道這是為補稅目的而調查，便可能會少報。為避免發生這種誤差，必要時應將調查的目的加以適當的偽裝，有時甚至要委託外界的商業調查機構或學術機構去做調查，以進一步掩飾調查的目的。

3.被訪問者的心理因素，也會使抽樣調查結果發生誤差。譬如在調查某人的知識程度時，問他有沒有讀過彼得‧杜拉克（Peter Drucker）的名著《管理：任務、責任、實務》，他雖沒讀過，但可能為了面子問題而答說讀過了。因此，在設計研究問卷時，應特別注意防止這種心理因素的影響。

4.研究工作設計人或資料蒐集者的個人偏見，也可能會造成非抽樣誤差。如果問卷的設計人對所要研究的問題有強烈的偏見，則他所設計的問卷也極可能反映他個人的偏見，致使所獲之結果並不正確。譬如某冷飲廠商甲公司在一項消費者偏好的調查中，先問被訪問者：「你認為甲公司的可樂比起其他公司的可樂有哪些優點？請一一列舉。」

接著，要求被訪問者指出他對各品牌可樂（包括甲公司品牌）的相對喜好程度。在此項調查中，受訪問者先被要求去想想甲公司品牌可樂的優點，可能使他在判斷對各品牌的喜好程度時受到影響。

發生抽樣及非抽樣誤差的情形很多，有時真是防不勝防，必須對整個抽樣的設計及執行嚴加控制、小心注意、處處提防，設法消除或減少誤差的程度，提高抽樣的可靠性。

三　無反應偏差

「無反應偏差」（Nonresponse Bias）是非抽樣誤差的一個來源，也是從人群母體中抽樣時最常發生的一種誤差。因為無反應者與反應者在某些重要特徵方面，可能彼此不同。若將這些無反應者排除在樣本之外，則樣本的結果自有發生

偏差的可能。克基仁（W. Cochran）曾將無反應的原因分成不齊全（Noncoverage）、不在家、不能回答及拒絕答案回件的「死硬份子」等四種。

(一)不齊全

此乃是因母群體名冊不完整，或因交通困難、氣候不佳，以致難以接觸某些單位所致。在利用電話簿做「電話訪問」時，不齊全的問題最為顯著，因為有一些電話號碼是不列入電話簿裡面的。古柏（S. L. Cooper）曾針對這個問題，提供一項解決的辦法，他建議不要從電話簿中選號碼，而是從分配到某地區的所有電話號碼中隨機抽出號碼。

(二)不在家

在人員訪問時，常會碰到樣本單位（即被訪者）不在家的情形。補救的方法是在登門拜訪前先做電話或信件連繫，尤以電話連繫為佳。根據蘇得曼（S. Sudman）的一項研究，若事先以電話連繫，則完成一次訪問所需登門拜訪的平均次數可減少四分之一到三分之一。

(三)不能回答

受訪者有時無法回答問題，此可能是因為他們不知道答案，或不願答覆，或根本就沒有答案。補救之道只有在問卷上謀求改進。

(四)拒絕答案回件

在郵寄問卷時，常會碰到受調查者拒絕回答或不回件的情形。下面的幾點建議，或可有助於回件率的提高：

1. 問卷力求簡短。
2. 應向受訪者說明本研究的重要性。

3.附回件郵資及寫好回件地址的信封。

4.強調對回件內容一定保密。

5.對回件者贈送小禮物。

6.隔一段時間後，應再去信催促追蹤。

7.用限時專送寄出追蹤函件。

又根據羅賓士（L. N. Robins）的一項研究指出：「人們回覆由外地寄來的問卷，遠比回覆本地寄來的問卷來得容易。」根據此項研究結果，我們在做本地調查時，設法將問卷從外地寄出，或許也可提高回件率。在某些情況下，還要允許受訪者以匿名的方式答卷，以提高回件率，其缺點是無法進行追蹤。

3 機率抽樣

抽樣方法可大致分為二大類：一為「機率抽樣」（Probability Sampling），二為「非機率抽樣」（Nonprobability Sampling）。本節先介紹「機率抽樣」。

機率抽樣又稱為「隨機抽樣」（Random Sampling）。在此種抽樣方法下，我們知道母群體中的每一個基本單位被選為樣本的機率為何。機率抽樣具有健全的統計理論基礎，可以機率理論加以解釋，是一種客觀的抽樣方法。隨機樣本（Random Sample）可避免發生抽樣偏差，因為在機率抽樣中，並沒有特別要去抽取任何一個基本單位之偏差，但此並非說在機率抽樣時完全不會發生抽樣誤差。如前所述，抽樣偏差只是發生誤差的原因之一，另一個原因——運氣——也

會造成抽樣誤差。不過，只有在機率抽樣時，才可利用機率理論來估計樣本估計值的可靠性；如果是採用非機率抽樣，因有抽樣偏差存在，對樣本估計值的可靠性無法做客觀的估計。換言之，只有隨機樣本，才有一個統計理論基礎可對樣本的品質做一種數量性的評估。

「機率抽樣」有好幾種不同的類型，較常用的有：

1.簡單隨機抽樣（Simple Random Sampling）。

2. 系統隨機抽樣（Systematicor or Quasi-random Sampling）。

3.分層抽樣（Stratified Sampling）。

4.集群抽樣（Cluster Sampling）。

5.地區抽樣（Area Sampling）。

6.多段抽樣（Multi-stage Sampling）。

一　簡單隨機抽樣

是「機率抽樣」的一種特例。在此種抽樣方法下，母群體中的每一個單位被選入樣本中的機會完全相同。譬如在一萬人中要選出一百人為樣本，則在簡單隨機抽樣下，每一個人被選入樣本中的機率都是1%。

常用的簡單隨機抽樣方法有二，即：(1)摸彩法，(2)利用亂數表（Random Tables）。採用摸彩法時，母體中的每一個基本單位都用一個號碼來表示，將每個號碼寫在一張紙條上，放入箱子中，經完全攪拌後隨機抽出號碼，直到預定的樣本數足夠為止。理論上，在每次抽出一張紙條之後，應先將紙條放回箱中，然後再抽下一張，使每一張紙條在每次抽

選時被抽出的機率完全相同。

更理想的方法是利用「隨機數字」（Random Numbers）。隨機數字是用一種使每一個可能的數字在下次出現的機率都相同的方法所產生，統計教科書上一般都在附錄中附有亂數表。比較有名的亂數表，包括Kendall & Babington Smith、Fisher and Yates及Rand Corporation' A Million Random Digits。使用亂數表時，應先將母群體中的每一個基本單位編號，然後從表中再按隨機方式抽取行、列之號碼，以決定所欲挑選數字之第一個數字，之後再從左到右、從上而下，或照對角線來選取數字，自第一個數字開始，依原先編號之位數，每次按此位數選取一組數字，如每一基本單位均以四位數編號，則自第一個數字開始，每四位數字為一組。編號與所選出的數字相同的基本單位，即是所欲選取之樣本；如果在樣本數抽夠以前，發生數字重複之現象，則該組數字應予以捨棄不用。

上述二種方法都不受抽樣者的主觀判斷所左右，可收隨機選樣的效果；惟在實用方面，則有不少的限制和困難。

㈠在成本上

隨機樣本中的單位可能散布在全國各角落，要對他們進行觀察或訪問，在時間上及金錢上所費的成本通常較高。

㈡在母體名冊上

簡單隨機抽樣需要有周詳完備而且最新的母體名冊，然而此種名冊通常不容易得到。

㈢在管理上

因樣本單位散布較廣，對訪問員之監督管理比較困難。

(四)在選樣工作上

簡單隨機抽樣的觀念簡單，但實地選樣工作並不如此簡單，要從一個龐大的母體中隨機選出少數的樣本單位，是一件繁雜且易生錯誤的工作。

(五)在統計效率上

若樣本大小相同，標準差愈小，表示樣本設計的統計效率愈高。倘若抽樣設計者對母體的某些特性已有初步的認識，可將抽樣的程序加以若干限制，以改進樣本設計的統計效率，但在簡單隨機抽樣下，抽樣設計者無法運用他對母群體的認識，適當地限制抽樣程序，以提高效率。

由於簡單隨機抽樣有上述缺點，因此通常只適用於具備下列四個條件的場合：

1. 母群體小。
2. 有令人滿意（周詳完備而且最新）的母群體名冊。
3. 單位訪問成本不受樣本單位地點遠近的影響。
4. 母群體名冊是有關母群體情報的唯一來源。

二 系統隨機抽樣

此方法較簡單隨機抽樣法簡單，只要將母群體之每一單位編號，先計算樣本區間（即 $\frac{N}{n}$，其中 N 表示母群體的大小，n 表示樣本的大小），若樣本區間為分數，則可按四捨五入法化為整數，然後從 1 到 $\frac{N}{n}$ 號中隨機選出一個號碼作第一個樣本單位，將第一個樣本單位的號碼加上樣本區間 $\frac{N}{n}$，

即得第二個樣本單位，直到樣本數足夠為止。

譬如母群體有五千人，且樣本大小決定為一百人，則樣本區間為5,000÷100＝50，假定從01到50中，我們隨機抽出了28，則樣本單位的號碼依次為28、78、128、178、……、4928、4978等。

臺灣電力公司於民國六十四年舉辦一項家用電器普及狀況調查，樣本大小為13,800戶，約占表燈用戶總數之0.5%，由於各用戶卡之排列完全隨機，乃採用系統隨機抽樣，依照樣本大小對母群體大小之比例，每間隔二百戶抽取一戶。

系統隨機抽樣有發生抽樣偏差的可能，因為有時某些特別的號碼被指定給特殊單位的機率較高。特殊的第一個隨機數字及樣本區間，可能會使樣本中包括過多或過少的特殊單位。譬如我們想做一項有關電話費的抽樣調查，此時自可以電話號碼簿作為抽樣構架，但因商業電話常喜歡爭取容易記憶的號碼，如××××55，若隨機抽出的第一個號碼為05，樣本區間為50，則樣本中有一半的單位最後二個數字為55，樣本中可能包括過多的商業電話，因商業電話的電話費通常較家用電話的電話費多，難免有抽樣偏差的現象發生；即便隨機抽出的第一個數字不是05，而是其他數字，如09，也還是會發生抽樣偏差，因為此時樣本中可能包括過少的商業電話。

系統隨機抽樣是各種機率抽樣方法中最接近簡單隨機抽樣的一種方法，故又稱為「準隨機抽樣」。它的資料蒐集程序較簡單隨機抽樣簡便得多，但不像後者那樣，可免於發生抽樣偏差，這是它為簡化資料蒐集工作所應付出的代價。此外，在系統抽樣中，對於統計值的隨機誤差也難以做不偏的

估計，除非假設母群體的名冊是按照一個隨機的次序來編列，如果這種假設成立，則系統抽樣的效果形同簡單隨機抽樣，自可應用在簡單隨機抽樣下估計隨機誤差的公式來估計在系統抽樣下的隨機誤差；如果這種假設不能成立，通常至少要有二個系統抽樣的樣本，才能估計其隨機誤差。

實例

「系統抽樣」之應用很多，例如臺北市政府主計處所做之「家庭收支調查」，對樣本之選取係採用「二段系統抽樣法」，第一段抽出七十個調查樣本區，第二段抽出1,400個調查樣本戶。其抽樣步驟如下（以民國六十三年為例）：

1. 第一段抽出樣本區
   (1)將臺北市民國六十三年十月底戶籍資料總戶數按行政區之順序，編製各里戶數累積表，並將總戶數441,996戶除以應抽出之調查樣本區數70，求得各樣本區之間隔區間為6,314戶。
   (2)利用亂數表，從1至6,314中隨機抽出3,350，作為第一調查樣本區之起號。然後將第一個調查樣本區之起號，加上樣本區之間隔區間6,314戶，是為第二個樣本區之起號。往後依次每加上6,314戶，即為下一個調查樣本區之起號。
   (3)由每個起號算起二百戶成為一個調查樣本區，依序

編製全市七十個調查樣本區住戶名冊。

2.第二段抽出調查樣本戶

(1)因樣本總數為1,400戶，故每一調查樣本區應抽出二十戶（1,400戶÷70=20）。根據系統抽樣法，求出樣本戶之間隔區間為10（200÷20=10）。

(2)隨機抽出小於10之第一個樣本戶號，為5號，則第二樣本戶號為5+1=15號、第三樣本戶為15+10=25號……依此類推，順序抽出二十個調查樣本戶。七十個調查樣本區均以同一方法各抽出二十戶，全戶共抽出調查樣本戶1,400戶，約占總戶數之0.32%。

三 分層隨機抽樣

係先將母群體的所有基本單位分成若干互斥的組或層，然後分別從各組或各層中隨機抽選預定數目的單位為樣本。分層隨機抽樣與簡單隨機抽樣的區別，在於後者從全體母群體隨機抽取樣本，而前者只從各層中隨機抽樣，二者都需要有完整的母群體名冊作為抽樣構架。分層抽樣的過程可圖示如圖5-1（假設將母群體分成層）。

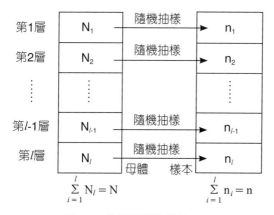

圖5-1　分層隨機抽樣的過程

　　將母群體分層抽樣是否適宜，主要看調查的目的為何而定。分層隨機抽樣在抽樣調查中廣被採用，其原因不外乎：

(一)採用分層隨機抽樣法，樣本統計值的可靠性通常較高

　　在母體中常有少數特殊單位，在簡單隨機抽樣下，除非樣本甚大，否則樣本中這些特殊單位所占的比例可能過高或過低，影響樣本估計值的可靠程度；但在分層抽樣時，抽樣設計者可根據他對母群體特性的知識將母群體分層，以防止少數特殊單位在樣本中的份量太重或太輕的現象。

(二)利於比較

　　因各層分別獨立抽樣，故能加以比較。譬如我們想比較所得不同之家庭的消費率，就應採分層抽樣法，按照家庭所得的大小將母群體（所有家庭）分層。

(三)選樣方便

　　每層可視實際情形採取不同的機率抽樣方法。選樣工作比簡單隨機抽樣法方便。

在採用分層隨機抽樣時，有二個特殊的問題必須加以考慮：

(一)分層的基礎

所謂分層，就是要根據母群體的某一或某些變數將母群體分成幾層，但到底要以母群體的哪些變數作為分層的基礎，則有賴抽樣設計者的經驗和判斷。理論上，最適宜的分層基礎應該是所要調查的主要變數的次數分布，不過這有二種困難：第一、若所要調查的變數有二個或二個以上時，到底要以哪一個變數為準？第二、此種次數分布的現成資料應該是沒有用的，如果我們已經知道所要調查的母群體變數的次數分布，那就不用去做此項抽樣調查了。在此種情況下，其可行方法，是以某些被認為與所要調查的母群體變數有密切關連的其他變數作為分層的依據。

分層的基礎，可以是單一的變數，如商店銷售額；也可以是複合的變數，如某地區的商店銷售額，視資料的多寡及分層的數目而定。常用的分層基礎，有地區、城市大小、人口密度、年齡、所得、教育程度、職業、銷售額、員工人數等。一個好的分層基礎，應使各層內的樣本單位儘可能相似，使層與層之間的平均數（指所要調查之主要變數的平均數）的差異儘可能擴大。簡言之，分層時，應使層內變異很小，而使層間變異大。

(二)分層的數目

理論上，分層的數目愈多愈好，因為層數愈多，每層內的樣本單位愈相似，樣本估計值的精確度愈高。惟事實上，基於成本及效率的考慮，分層的數目必須有個限制。依照克基仁（W. Cochran）的意見，如果只是要估計整個母群體的單

一母數,則層數不宜超過六個;如果還要按照地區、城市大小或其他標準將母群體畫分成幾個子母群體,然後去估計各子母群體的母數,則所需的層數自然較多。

四 集群抽樣

在上述的三種抽樣方法中,每一個基本單位都是個別地隨機選出,但在集群抽樣下,隨機選入樣本的不是個別的單位,而是一群一群的單位。譬如母體中有十二個單位,分成如下的四組或四群:

組 別	單 位
1	X_1 X_2 X_3
2	X_4 X_5 X_6
3	X_7 X_8 X_9
4	X_{10} X_{11} X_{12}

假定要從其中選出六個單位為樣本,集群抽樣的方法是從四組中按照簡單隨機抽樣的道理選出二組,如:第一及第三組,則第一及第三組中的所有單位都是樣本。此法也是一種機率抽樣方法,因為母體中的每一個單位被選為樣本的機率均為已知,在本中,其機率均為二分之一。這種情形事實上等於是將母體重下定義,此時的母體已不再是十二個個別的單位,而是四個各含有三個個別單位的組,抽樣工作是要從這四個組中隨機選出二個組作為樣本。

「集群抽樣」與「分層抽樣」都是把母群體分成幾組,二者的不同在於:

1.「分層抽樣」時，所有的組或層中至少都有一個單位被選入樣本中；但在「集群抽樣」時，只有部分的組別被選為樣本。

2.「分層抽樣」只在每一組或層中抽選部分單位作為樣本；而「集群抽樣」則在被抽樣的組別中進行普查。

3.「分層抽樣」的目的在減少或消除抽樣誤差、提高樣本估計值的可靠性；而「集群抽樣」的目的在減低抽樣的成本。

「集群抽樣」方法之所以盛行，主要是因為此法經濟省事、簡便易行，但發生抽樣偏差的危險性很大。譬如在消費者調查時，為了方便，可抽選某一職業的消費者為樣本，由於同一職業的消費者之家庭背景、所得、教育程序及消費習慣等可能都有相似之處，因此樣本的代表性自甚可疑。

五 地區抽樣

上述的各種抽樣方法，都需要有一個包含母體中所有個別單位的名冊作為抽樣構架，但有許多行銷問題，這種母體名冊或許不齊全，或是根本就沒有。此時，就必須借助於一種很巧妙的「集群抽樣」方法──「地區抽樣」。

一種常用的「地區抽樣」方法，是從一個城市的所有街道區中隨機抽選n個街道區為樣本區，然後在各樣本區中進行普查。這種抽樣程序也是一種機率抽樣法，因為各住戶被抽選為樣本的機率為已知，即n/N。地區抽樣，事實上是將一個沒有名冊的原始母體轉變成一個有名冊（即地區圖）的地區母群體，使機率抽樣成為可行。

　　上述的「地區抽樣」，通稱為「簡單一段地區抽樣法」，此法係對樣本街道區中的所有單位進行調查，由於住在同一街道區內的家庭，在所得、職業、籍貫、家庭大小、社會地位等方面可能有相近之處，因此若樣本大小相同，此種地區抽樣的統計效率往往比簡單隨機抽樣為差。一般用來估計簡單隨機樣本之抽樣誤差的公式，不可用以估計地區抽樣誤差，如果予以誤用，地區樣本的抽樣誤差將會有偏低之處，換句話說，即是會高估地區樣本的精密度。如要評估一個地區樣本的抽樣誤差，必須利用較複雜的公式。

六　多段抽樣

　　上述的五種抽樣方法都屬於所謂的「一段抽樣」，在抽樣調查中，母群體常散布甚廣，若將一段抽樣，則訪問困難、費錢費事，還可能延誤時日、失去情報的時效，於是乃有所謂「多段抽樣」的變通辦法。顧名思義，「多段抽樣」就是將選擇樣本的過程分成二個或二個以上的階段來完成。多段抽樣亦為一種「機率抽樣」，因為各抽樣單位被抽選為樣本的機率可由其在各階段被抽選的機率相乘而得。倘若樣本大小相同，多段抽樣法的估計值，一般說來，要比簡單隨機抽樣的估計值來得不可靠，亦即多段抽樣的統計效率較差，因此用來估計簡單隨機樣本之抽樣誤差的公式，自亦不宜應用到多段抽樣的情況。不過，因為多段抽樣比較經濟省事，可以擴大樣本數目，以提高樣本估計值的可靠程度。此外，多段抽樣不需要有一個包括全部母體單位的抽樣構架，這也是它的一項優點。

多段抽樣通常有簡單多段抽樣及單位大小不等的「多段抽樣」這二種形式。茲分述如下：

㈠簡單多段抽樣

假設在二段抽樣中，第一階段要從100個街道區中，隨機抽取10街道區為樣本街道區，其機率為0.1。若每街道區平均有20家住戶，第二階段要從第一街道區內隨機抽選五家住戶為樣本戶，則在每一樣本街道區中之各住戶，在第二階段被抽選為樣本戶之機率為0.25，此時每一住戶被抽選為樣本之機率應為0.025（即0.1×0.25）。此例中，我們假設所有抽樣單位在每一階段被抽選的機率均相同（在第一階段均為0.1，第二階段均為0.25），此種方法通常稱為「簡單多段抽樣」。

簡單多段抽樣假設所有單位在各階段都有相同的機會被選為樣本，如果各階段的子母體大小相等或大致相等，則效果良好。不過，各階段的子母體所包括的單位數往往有很大的差異，在此種情況下，簡單多段抽樣將會產生很大的抽樣誤差。譬如從下列的四個街道區（母體）中選出一個街道區，再從此一樣本街道區中選出五戶為樣本戶，我們要以樣本戶的平均家庭所得，此為「簡單二段抽樣」。

街道區	住戶數目	平均家庭所得
1	60	NT$20,000
2	20	10,000
3	10	2,000
4	10	1,000
	100	

在此例中，各街道區被選出之機率為0.25，各戶被選出的機率為0.05，因此各街道區內的抽樣比例應為0.05÷

0.25 = 0.2。因各街道區被抽選的機率為0.25，故樣本估計平均值為：

$$NT\$(20,000 + 10,000 + 2,000 + 1,000) \times 0.25 = NT\$8,250$$

但母體平均值為：

$$NT\$(20,000 \times 60 + 10,000 \times 20 + 2,000 \times 10 + 1,000 \times 10)$$
$$\div 100 = NT\$14,300$$

可見若第一階段單位（即各街道區）內所含的第二階段單位（即住戶）數目不相等時，「簡單二段抽樣」只能得出一個有偏差的估計值。

(二)單位大小不等的多段抽樣

是為克服「簡單多段抽樣」的缺點而設計的，是「不等機率抽樣」的一種特例。仍以在討論「簡單多段抽樣」時所舉在四個街道區的家庭住戶中選出五家樣本戶的例子，來說明此法之運用。首先，按各街道區中的單位大小（即家庭住戶數目），決定各街道區在第一階段被抽樣的機率如下：

街道區	機率
1	0.60
2	0.20
3	0.10
4	0.10

如何按照上述的機率來選出一個樣本街道區呢？第一步先求出累積住戶數目，並據此而指定各街區的選擇數目：

街道區	住戶數目	累積住戶數目	選擇數目
1	60	60	1 - 60
2	20	80	61 - 80
3	10	90	81 - 90
4	10	100	91 -100

然後從1到100中隨機抽出一個數目，此一隨機數目屬於哪一個街道區的選擇數目，就以那個街道區為樣本街道區。若隨機抽出的數目為68，則第二街道區為樣本街道區。第二階段即從樣本街道區（第二街道區）中隨機選出五戶為樣本戶，因此樣本的估計平均家庭所得為：

$$NT\$20,000 \times 0.60 + NT\$10,000 \times 0.20 + NT\$2,000 \times 0.10 + NT\$1,000 \times 0.1 = NT\$14,300$$

此數值正好是母群體的平均值。

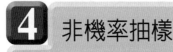

4 非機率抽樣

如前面所述，在抽樣時若能得知母群體中的每一個單位被選為樣本的機率，即為一種「機率抽樣」；若其機率為不可知，則為「非機率抽樣」。「非機率抽樣」的類型也很多，常用的有以下五種：

1.便利抽樣（Convenience Sampling）。

2.配額抽樣（Quota Sampling）。

3. 判斷抽樣（Judgment Sampling）。

4. 雙重抽樣（Double Sampling）。

5. 逐次抽樣（Sequential Sampling）。

茲分述如後。

一　便利抽樣

係純粹以「便利」為基礎的一種抽樣方法，樣本之選擇只考慮到接近或衡量之便利，如訪問過路的行人，便是其中一例。

此法最為省錢省事，但抽樣偏差很大，結果可能極不可靠，通常不應利用一個「便利」樣本來估計母數之數值，因為一個母群體中的「便利」單位極可能和其他「不便利」的單位有顯著的不同。但有時一個母群體中的所有單位都很類似，在這種特殊的情況下，採用便利抽樣自然不可。又在抽樣調查時，常需經過一個預試的階段以改進問卷的內容及形式，在預試階段為了便利起見，常採用「便利抽樣」。

二　配額抽樣

或許是最常用的一種「非機率抽樣法」，包括四個步驟：

㈠選擇「控制特徵」

作為將母群體細分的標準。選擇時，通常要求：

1.控制特徵與所要研究的母群體特徵之間要有相當之相關性。

2.母群體內這些控制特徵的分配情形為已知。

(二)將母群體按其控制特徵加以細分

分成幾個子母群體。細分母群體時所依據的控制特徵，可以僅有一個，也可以有二個或二個以上。譬如可按家庭所得及家庭大小這二個控制變數，將一個以家庭住戶為基本單位的母群體細分成如下的四個子母群體：

子母群體	家庭大小	家庭每月收入	在母群體中所占百分比
1.	五口以下	一萬元以下	30%
2.	五口以下	一萬元或一萬元以上	25%
3.	五口或五口以上	一萬元以下	25%
4.	五口或五口以上	一萬元或一萬元以上	20%
			100%

(三)決定各子母群體樣本的大小

通常是將總樣本數按照各子母群體中所占的比例分配。譬如總樣本數N已定為200戶，要按比例分配到上述的四個子母體，則各子母體之樣本數n_1、n_2、n_3、n_4分別為60戶、50戶、50戶、40戶。

(四)選擇樣本單位

各子母群體的樣本數決定後，即可為每一個訪問員指派「配額」，要他在某個子母群體中訪問一定數額的樣本單位。譬如在上例中，某一訪問員可能被要求在子母群體1.中找出六戶、在子母群體2.中找出五戶加以訪問。有時還可對樣本單位的選擇加以若干其他的限制，或可限制樣本單位應在某

些地區中尋找。

　　「配額抽樣」和「分層抽樣」有相似之處，二者都是將母群體細分成若干個子母群體，然後把總樣本數分配到各子母群體。二者之區別，在於各子母群體中樣本單位之選擇：在「分層抽樣」時，樣本單位係以隨機抽樣法從各子母群體中抽選；但在「配額抽樣法」下，訪問員有極大的自由去選擇子母群體中的樣本單位，訪問員只要完成配額之調查即可交差。

　　配額抽樣既然不是按照機率來抽樣，自不可應用在機率抽樣法時所用的原理來決定其樣本大小及抽樣誤差。由於樣本單位的選擇係交由訪問員去決定，並非根據機率原理而產生，所選擇的樣本不見得能代表母群體，因此通常要對樣本的有效性下一番證實的工夫，常用的方法是比較樣本和母群體的種種特徵（控制特徵除外）的分配情形，如果二者沒有顯著的差異，通常就假設樣本具有代表性。譬如在上例中，可以比較那200戶樣本與母群體的小孩數目及家長職業等特徵之分配。

三　判斷抽樣

　　顧名思義，係根據抽樣設計者的判斷來選擇樣本單位，設計者必須對母群體的有關特徵具有相當的瞭解。在編製物價指數時，有關產品項目的選擇及樣本地區的決定等，常採用「判斷抽樣」。

　　很明顯地，「判斷抽樣」極易發生抽樣偏差。惟在某些場合亦有其價值，如：物價指數的編製，若不借助於「判斷

抽樣」，將難以完成。「判斷抽樣」通常適用於母群體的構成單位極不相同而樣本數又很小的情況。

四　雙重抽樣

在決定樣本大小及選擇抽樣方法時，抽樣設計者至少對母群體應有一些認識。不過，在許多情況下，設計者事前對於母群體的認識極為貧乏。此時，可先對母群體做一次「初步抽樣」，蒐集一些有關母群體的情報，根據所獲得的情報，再做一次比較精密的抽樣。第一次抽樣時，因所要蒐集的情報較少，故樣本通常較大；第二次抽樣時，因要對樣本進行比較深入的調查，故樣本宜較小。

「雙重抽樣」與「二段抽樣」不同，在「二段抽樣」中，各階段抽樣單位之類型不同，如：第一階段的抽樣單位可能是街道區，第二階段可能是住戶；但在雙重抽樣中，第一次抽樣和第二次抽樣樣本單位之類型都相同。

五　逐次抽樣

在一次抽樣時，所需的樣本要較大，費用也較高，因此有許多研究並不一次抽取大量樣本，而是採用費用較低且還滿實用的「逐次抽樣」。

在「逐次抽樣」下，開始只抽取少量的樣本，然後根據這少量樣本的結果來決定是否接受某一假設；若樣本結果尚不足以判定是否接受某假設，則應繼續抽取少量樣本單位，

直到能夠決定接受或棄卻某項假設為止。

　　「逐次抽樣」的應用，可以圖5-2說明如下：

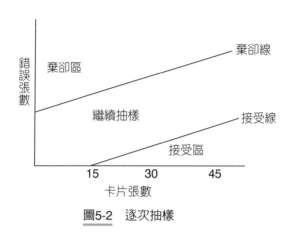

圖5-2　逐次抽樣

　　假定在資料整理及彙總時，我們要檢查打卡員的打卡工作，可先抽取十五張卡片，如果全部正確，我們就認為這位打卡員所打的卡片是正確的，不必再抽樣了；如果錯誤的張數過多，超過棄卻線而落在棄卻區中，那也不必再抽樣了，我們就棄卻「這位打卡員所打的卡片是正確的」假設；又如果打錯的卡片張數介於棄卻線與接受線等二條臨界線之間，則應繼續抽樣，直到錯誤的張數落在接受區或棄卻區為止。

5 抽樣方法的選擇

　　抽樣方法大致分為「機率抽樣」及「非機率抽樣」二大類，已如前述。這二種方法優劣互見，各有其適用之場合，此處將就：(1)估計值的信賴度，(2)統計效率的評估，(3)母群

體的情報，(4)經驗和技巧，(5)時間和(6)成本等六項，分別來
比較機率抽樣和非機率抽樣的優劣。

一　估計值的信賴度

　　只有採用「機率抽樣」，才能求得不偏的估計值，算出
估計值的抽樣誤差，並可估計包含母數的信賴區間。在「非
機率抽樣」下，估計值可能包含大小難以衡量的偏差，也無
法根據非機率的樣本客觀地評估樣本估計值的正確性，我們
雖然也能算出其信賴區間，但無法用客觀的方法，求出這個
信賴區能包含母數的信賴程度。

二　統計效率的評估

　　只有在採用機率抽樣時，才能評估各種不同的樣本設計
的統計效率，但沒有任何客觀的方法可用來比較各種非機率
抽樣設計的相對效率。譬如我們可比較簡單隨機抽樣和簡單
集群抽樣的相對效率，看看二者的抽樣誤差孰大孰小，但無
法用客觀的統計方法比較在某一情況下，配額抽樣和判斷抽
樣的孰劣，也沒有一種客觀的方法可用來決定在何種情況
下，配額抽樣會比判斷抽樣更有效率。

三 母群體的情報

機率抽樣所需有關母群體的情報通常較少，基本上只要：(1)知道母群體中基本單位的總數、及(2)有一個認明每一母群體單位的方法，就可以進行「機率抽樣」。當然，如果能夠獲知有關母群體的較詳細情報，將可增進一個機率樣本的抽樣效率。「非機率抽樣」，特別是「配額抽樣」，所需母群體情報較多，對母群體情報之依賴較大。

四 經驗和技巧

「機率抽樣」的設計和執行，通常需要高度專業化的技巧和經驗。而「非機率抽樣」的設計和執行都比較簡單，不需要有很多的經驗和技巧。

五 時間

規劃及執行一個機率樣本所費的時間，通常要比設計及執行一個範圍相同的非機率樣本所費的時間長，因為「機率抽樣」的事前準備工作較多較繁，實地抽樣工作也比較費事費時。

六　成本

　　若樣本大小相同，一個機率樣本的成本通常要比一個非機率樣本大得多。「機率抽樣」之設計費用較多，因為我們要經由這種樣本設計以計算各單位被選為樣本的機率；機率抽樣的執行也較花錢，因為我們要求觀察或訪問預先指定的單位。此處只是比較二者的單位調查成本，並未考慮調查結果的品質。由於非機率樣本的可靠性無法客觀地衡量，我們無法比較這二種抽樣方法在同一可靠程度下的相對成本。

　　從上面的論述中，我們知道「機率抽樣」和「非機率抽樣」都各有其長處、也各有其缺點，在實際選擇抽樣方法時，自應針對調查目的及實際情況做通盤的考慮。下面四個原則，或可供選擇時的參考：

　　1.如果一定要獲得不偏的估計值，則應採用「機率抽樣」；如果只要概略的估計值就夠了，則可考慮採用「非機率抽樣」。

　　2.如要以客觀的方法評估樣本設計的精密程度，則應利用「機率抽樣」；否則，可考慮採用「非機率抽樣」。

　　3.若預期「非抽樣誤差」是調查誤差的主要來源，則可考慮採用「非機率抽樣」。

　　4.若抽樣調查的可用資源極為有限，應以採用「非機率抽樣」為宜。

　　實際上，要從動態的母群體單位中取得一個純粹的機率樣本，即使不是不可能，也是極為困難。「機率抽樣」能客觀地衡量並控制抽樣誤差，使調查的結果具有較大的說服

力，易為眾人接受。不過客觀性固然重要，但不應是選擇抽樣方法的唯一標準，在實際運用時，抽樣人員應權衡利害、比較各種方法的優劣，並考慮到人力、財力和時間的種種限制，然後選擇一種能達成調查目的，並在可用資源限制之內的抽樣方法。有時也可以機率和非機率抽樣二法並用，各取其長。譬如要在某都市抽取若干家庭住戶為樣本，可先以「機率抽樣」方法抽選若干街道區，再從樣本街道區中利用「配額抽樣法」或「其他非機率抽樣法」抽選若干住戶為樣本戶。

第六章

行銷企劃

CHAPTER 6

1 行銷企劃

　　行銷企劃係針對企業或組織擬訂行銷策略與決策時，考量企業或組織環境資源因素，就未來行銷策略與決策運作時，規劃出一份可以據以實施的計畫，並可以形成策略共識，降低行銷的不確定及風險，達成組織願景及行銷目標。

　　行銷策略規劃基本上以直線思考，採程序規劃的概念，如圖6-1所示：

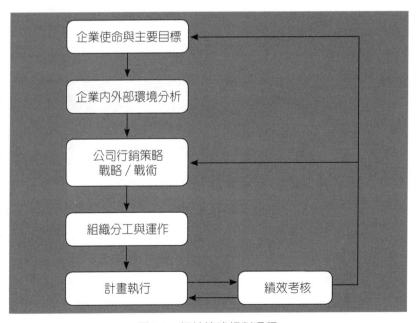

圖6-1　行銷策略規劃過程

行銷企劃案的核心理念——順利行銷：

‧怎樣的計畫可以順利行銷？

‧憑什麼本事順利行銷？

‧何時順利行銷？

‧如何順利行銷？

‧為何可以順利行銷？

‧順利行銷的風險與機會？

‧順利行銷的成本？

‧誰可以幫助順利行銷？

把事情「做好」（Do the Things Right）與「做對」的事情（Do the Right Things）同等重要，如何才能把事情做好又做對，唯有依賴清晰的策略指引。擬訂行銷策略時，應考量企業總體環境分析，如圖6-2所示：

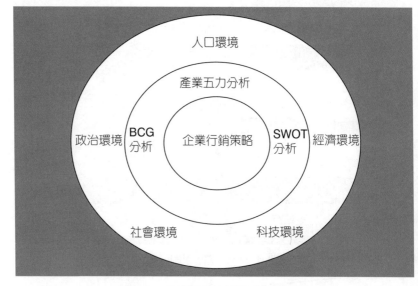

圖6-2　由外而內行銷策略分析因素

行銷企劃案仰賴行銷工作團隊的推動及執行，因此，行銷工作團隊建立原則通常包含下列各點：

・理念相同。
・有風險承擔的能力。
・專業互補。
・有共識經驗，有共同語言。
・個人風格無法隱藏，不要表面客氣。
・共同參與決策，參與過程比結果重要。
・公平決策，責任與權益平衡。

最後，行銷企劃案必須作一整合，其整合方式如下：

・需有一行銷企劃案整合者，負責資料蒐集，文章彙整，章節分工、整合。
・建立行銷企劃案資訊分享方式或平臺。
・利用工具建立章節、分工架構。
・每一決策，應將資訊留存，以便未來調整更新。
・決策程序需保留修正調整彈性，容許更新次數，並注意資料修正時的一致性。
・工作企劃案簡報：Focus重點、目標、進度、分工與追蹤驗收。

行銷企劃案之成功關鍵分析計有：

・提升變化控管與預期能力。
・團隊互信、使命必達。
・加強時間管理。
・建構學習型組織。

一 行銷企劃案內容

1. 概況：

   (1)背景說明。

   (2)工作概況。

2. 工作說明與分工：

   (1)工作目標任務說明。

   (2)組織分工。

3. 風險與對策：

   (1)環境變化。

   (2)資源運用。

   (3)對策評估。

4. 企劃執行說明：

   (1)預定進度及查核點說明。

   (2)參與本企劃人員。

   (3)經費預算。

5. 預期成果及效益。

6. 附件資料。

二　行銷企劃案撰寫架構

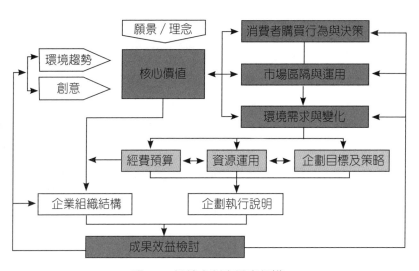

圖6-3　行銷企劃案撰寫架構

2　消費者購買行為與市場區隔

一　消費者購買行為分析

㈠影響消費者購買行為的因素

　　消費者購買行為的影響因素分為三大類：第一類是社會文化因素，第二類是個人背景因素，第三類是個人心理因

素，如圖6-4所示：

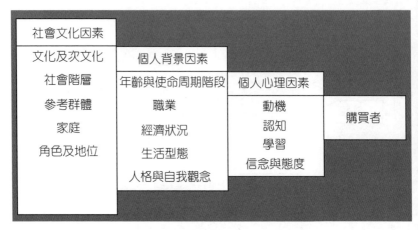

圖6-4　影響消費者購買行為之因素

㈡購買決策過程

　　在購買決策的過程中，通常我們可將整個過程分成五個階段：需求確認、資料蒐集及處理、方案評估、購買決策及購後行為，如圖6-5所示：

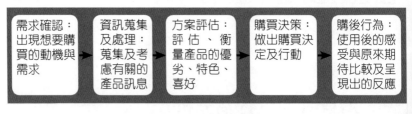

圖6-5　購買決策過程

二 市場區隔

一九五六年，Wendell首先提出市場區隔（Market Segmentation）之概念，指出市場區隔是建立在市場需求面的發展上，且必須配合不同之消費者需求，調整產品並做有效行銷（Wendell, 1956）。Kolter認為市場區隔是將具不同購買慾望或需求之購買者分群，使任一子族群皆可成為特定行銷組合所針對之目標市場（Kolter, 1998）。MaCarthy則認為市場區隔乃是將市場區分為數個相對較同質之子市場，其目的是由這些子市場擇一個或數個作為目標市場，進而針對不同的目標市場，發展相對應之行銷策略，以達成滿足各個市場之目的（McCarthy, 1990）。

根據公司或企業服務或產品性質的不同，更是會利用不同的方式來區隔市場。如Kotler（1997）所提出，利用地理性因素、人口統計因素、心理特性以及個人行為來作為區隔的依據。表6-1是消費者市場主要的區隔化變數：

表6-1　消費市場的主要區隔化變數

	地理方面	人口統計	心理方面	個人行為方面
變數	1.區域 2.城市大小 3.密度 4.氣候	1.年齡 2.性別 3.家庭人數 4.家庭生命周期 5.所得 6.職業 7.教育 8.宗教 9.國籍 10.種族	1.社會階級 2.生活型態 3.人格	1.使用時機 2.利益搜尋

資料來源：Kotler（1997）

Haley（1963）就曾經利用上述觀念，對於不同的消費者追求的利益，對牙醫市場進行了區隔，如表6-2所示：

表6-2　牙醫市場的利益區隔化

利益區隔	人口統計	行為特徵	心理特徵
經濟（低價格）	男性	大量使用者	高度自主性、價值導向
醫療（防蛀）	大家庭	大量使用者	憂慮、保守
潔齒	青年人、年輕人、成年人	吸煙者	好交際活躍者
味道（芬芳）	小孩	喜愛薄荷者	高度自我介入者享樂主義

資料來源：Haley（1963）

Smythe（1969）也利用市場規模、利益追求等變項，對咖啡市場進行市場區隔，如表6-3所示：

表6-3　咖啡市場區隔剖析表

特徵	區隔		
	低咖啡因	含咖啡因	研磨式
市場規模	35%	33%	32%
不同利益追求	低咖啡因	含咖啡因	精製
期望	1.勿使我產生焦慮 2.沖泡容易 3.毋須提神 4.濃縮式	1.提神 2.便利包裝 3.知名品牌 4.容易沖泡	1.非便利包裝 2.不需沖泡容易 3.特製咖啡用具 4.非濃縮式
使用頻率	輕度使用者	中度使用者	高度使用者
使用類型	即溶式	二者皆可	研磨式
人口統計變數	1.老年人 2.喪偶 3.低所得者 4.少數民族居多	1.一般年齡 2.離婚 3.一般所得 4.少數民族居多	1.年輕人 2.已婚 3.高所得者 4.少數民族較少

資料來源：Smythe（1969）

　　此為一些較為典型的市場區隔方式，亦有利用不同的方式來進行市場區隔。Swait & Sweeney（2000）認為消費者會由於他們對於價值的傾向不同，而被區分成不同的群體，稱之為Value Orientation。造成這些認知傾向不同的原因，是由於消費者在接受各種不同層次的商品時，對於該商品會有價格和品質上認知的不同，而這些群體的目的是在區分當消費者處在購買環境時，會影響消費者決策的原因，以及其間的相對重要性。

　　一般而言，要將客戶做區隔，有二種方法：一種是根據客戶的行為來做區隔，如實際上所購買的產品數量，也稱為「資料導向區隔」。熟悉本身產品、市場、競爭對手和客戶的人，可以將這種區隔技術發揮得很好，他們能夠抓到區隔的重點。另一種區隔方式是蒐集並組織來自焦點群組和電話詢問的資訊，根據手中的資訊推論客戶或潛在客戶的想法，有時候會提供無法從促銷和交易資料看出的解釋。但要成為一個真正的區隔，必須符合下列二項條件：

1. 一網打盡

　　資料庫中的每一個人都必須落入其中一個區隔（就整體而言，所有區隔加起來必須涵蓋資料庫中的每一個客戶）。

2. 互斥

　　資料庫中的每個客戶不能落入一個以上的區隔（不同區隔不能有相同的成員）。

三　區隔與市場評估

在實際運作方面，「市場區隔」是業者經過市場評估後，認為該市場是本身最適合進入的市場，而其評估過程通常包含「市場調查」、「市場分析」與「市場特徵描述」三階段。

㈠市場調查

行銷人員在進入市場前，應衡量與預估每一個區隔後市場的大小與發展潛力，並有數據加以佐證，而且是長期不斷的監控，找出消費曲線、市場的規模，包括合格購買者的數量。

㈡市場分析

瞭解市場廠牌（品牌）銷售與使用情況，需要相當時間進行訪談，包括消費者使用行為、使用利益、零售商進貨情況，全盤對市場作評估。

㈢市場特徵描述

除了說明該市場的人口統計變數、心理、行為、甚至地理等因素的差異外，重要的是處於該市場中的業者，其競爭優勢或特殊的利益為何？如何使業者能在市場上領先其他品牌？

3 實例研討：產品策略企劃案

國內食品上市A公司產品策略企劃案：

㈠市場與產業分析

　1.國際產業觀點。

　2.國內市場規模概況。

㈡產品類別定位分析

　1.產品屬性／定位分析／主要規格／價格帶。

　2.整合式消費群分析。

　3.消費者人口統計資料整理／分析。

　4.消費者消費支出統計分析。

㈢市場競爭品牌分析

　1.競爭品牌概況分析——直接／間接競爭品牌。

　2.主要競爭品牌SWOT分析。

　3.品牌個性分析。

㈣消費者行為分析

　1.整合式消費族群行為分析。

　2.ICT／市場消費族群食用行為調查／分析。

　3.市場消費族群生活觀／消費者變化。

㈤廣告媒體分析

1.廣告媒體費用統計／分析。

2.主要品牌廣告表現／分析。

㈥內部資料分析

1.主要產品──末售／成本／獲利分析。

2.主要產品逐通路別──銷售金額分析。

3.主要產品逐月份──銷售金額分析。

4.主要產品標準四階價分析。

㈦品牌經營策略建議

1.品牌經營策略／定位／創意／逐階段目標建議。

2.品牌新產品開發策略／R&D取向建議。

3.品牌／商品推廣計畫／概要。

產品屬性／定位分析／主要規格／價格帶

・產品屬性／定位：

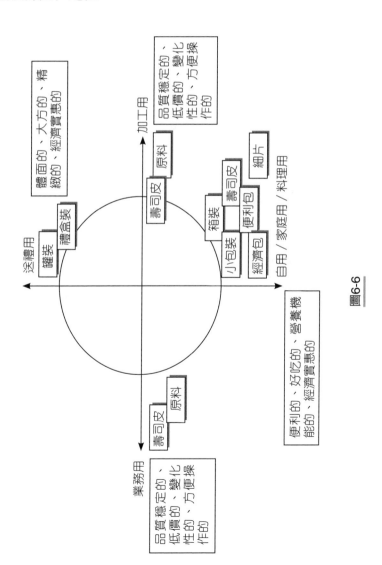

圖6-6

・零售市場產品屬性區隔：

| 傳統屬性 | 原味、傳統式小包裝、罐裝海苔 |

機能屬性

高纖、低糖、無脂肪負擔、
天然無色素、無汙染養殖
（有機）、健康概念

附加價值／娛樂趣味

◎精緻禮盒、造型罐、拼裝禮盒……
◎市場區隔——都會族群、兒童族群包
　　　　　　裝再區隔整合
◎玩具食品、玩具包裝、授權商品群……
◎包裝區隔——迷你盒裝、杯裝、罐裝……

產品／口味創造延展

◎口味研展——辣味、芥茉味、紫蘇、藍莓……
◎產品研展——岩海苔、燒海苔……

圖6-7

二　整合式消費群分析

・整合四大消費族群：

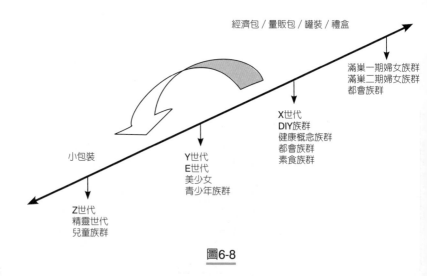

經濟包／量販包／罐裝／禮盒

滿巢一期婦女族群
滿巢二期婦女族群
都會族群

X世代
DIY族群
健康概念族群
都會族群
素食族群

小包裝

Y世代
E世代
美少女
青少年族群

Z世代
精靈世代
兒童族群

圖6-8

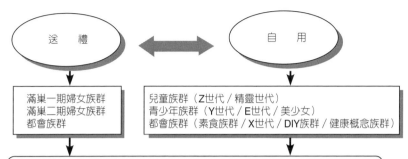

他們想要什麼？我們應該如何消費整合需求？
以最大使用族群為目標，研究其消費行為與消費動機，適時設計、創造其商品，準確區隔市場，並配合流行趨勢與消費需求，達成整合消費族群的目的！

圖6-9

三 主要競爭品牌SWOT分析

表6-4 SWOT分析

品牌別 / 品名	優勢	弱勢	威脅點	機會點
X	專業海苔領導品牌，知名度、進貨偏好度高。	品項切割過細，商品成功率相對降低，效率不彰，產品廣度不夠。	市場同質小品牌繁多，價格競爭激烈化，通路毛利空間低。	以品牌優勢取勝，拉大新產品毛利空間，並開發海苔類以外新商品群，創造新機會點！
Y	進口品牌品質與形象佳。	高價位，口味品項少，消費者接受力有限。	面對市場上眾多削價競爭，推動不易。	採在臺加工生產，降低成本，不斷增加新品，拓展競爭力！
Z	卡通圖案與口味調配佳，價格平價化。	界於大品牌與地方品牌之間，生存空間尷尬。	品牌力提升不容易，削價不敵小品牌，易被大品牌吞噬。	不斷開發平價路線新產品，拓展通路鋪貨機會，強化品牌優勢！

四　品牌個性分析

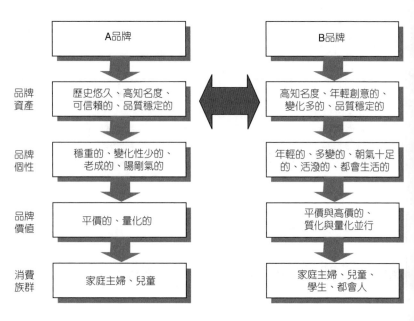

	A品牌		B品牌
品牌資產	歷史悠久、高知名度、可信賴的、品質穩定的	⟷	高知名度、年輕創意的、變化多的、品質穩定的
品牌個性	穩重的、變化性少的、老成的、陽剛氣的		年輕的、多變的、朝氣十足的、活潑的、都會生活的
品牌價值	平價的、量化的		平價與高價的、質化與量化並行
消費族群	家庭主婦、兒童		家庭主婦、兒童、學生、都會人

圖6-10

五　整合式消費族群行為分析

㈠Target分析

表6-5　Target分析

Feature	態度	偏好商品與口味
6～12歲 孩童與學生 Z世代族群 重量級食用群	零用錢有限，衝動型購買者，也是休閒食品使用者，喜好好玩、好吃、新奇、便宜的零食，具影響父母購買決定的能力。	◎8切、6束小包裝主要購買者與使用者。 ◎零嘴與夾飯食用為多。 ◎變化包裝圖案與內容，可增加購買機會。 ◎驅動父母（購買者）購買商品、新口味。

Feature	態度	偏好商品與口味
13〜18歲 青少年與學生 Y世代 精靈世代族群 中量級食用群	忠誠度低，喜歡流行文化，哈日情節重，通路、SP活動參與意願高，對休閒食品關心度高，喜歡平價、好吃、具流行感的零嘴。	◎8切、6束小包裝主要購買者。 ◎創新口味的主力購買者（如辣味）。 ◎喜歡嘗試奇特的新口味（如芥末）。 ◎喜歡獨立地找尋自己喜愛的新口味。
19〜32歲 女性上班族 都市都會族群 中量級食用群	收入漸高，喜歡流行、健康、機能性食品，除了好吃感的要求外，還要兼具品質，價格已是次要因素，品味與享受是主因，亦崇尚東洋與進口食品。	◎8切、6束小包裝主要購買者。 ◎家庭號亦有機會購買食用。 ◎健康與好吃並重（如高纖、高鐵、低糖……）。 ◎進口流行口味追隨者（如抹茶、章魚燒……）。
33歲以上婦女 滿巢一族 滿巢二族	忠誠度極高，重視家庭與食品營養，具經濟壓力，喜歡特價、便宜的商品，對休閒食品印象偏負面，對海苔食品購買意願卻很高，屬重量級購買者。	◎平價的大包裝、罐裝、家庭號、量販包的主要購買者。 ◎細片與壽司是主要料理用商品。 ◎營養取向的口味訴求延伸（如添加蛋白質、天然食品……）。
家庭主婦 上班族（男／女）	輕便的平價伴手禮，送禮對象以家庭為主，傳統罐裝禮盒以交情普通的朋友為主要對象。	◎罐裝禮盒的主要購買者。 ◎品牌、包裝設計與體面是購買主因，對口味的重視度不高。

(二)世代分析

表6-6　世代分析

項目	X世代	Y世代	N世代（預備攻擊族群）
定位	跨世紀的接班人 數位使用者	娛樂世代 第五元素的生活者 夢想實現者 網路繼承者	網路世代 數位思考虛擬生活家
生活觀	承先啓後使命者 世代前進傳承者	聲光世代 網路政府架構者 我行我素的生活者	網際政府執政者 不善人際關係 高學歷族群 知識追求者

項目	X世代	Y世代	N世代（預備攻擊族群）
購物觀	獨特性，流行	創新 喜歡＝價值	指南消費
理財觀	預定適當的回收期	重安全性 資訊素食族群	容易解約，又具高價值性金融商品
消費觀	禮的世代消費者 （送禮）	外顯價值消費者	數位資訊消費者

*參考資料來源：臺灣消費者生活型態研究中心（TOOLBOX）

六 競爭品牌概況分析——直接／間接競爭品牌

品牌上架率分析

C 7.30%　D 5.40%　其他 2.50%

A 30.10%　B 54.70%

競爭品牌上架率分析

C 17.20%　其他 5.30%　D 8.90%

B 27.00%　A 41.60%

鋪貨大調查

・商品素以年節為高進貨時機，故一般期間商店進貨意願及商品迴轉率偏低，僅擇一強勢品牌販售。
・北中南各區因通路、消費屬性各異，主力暢銷商品均不同，如中區以辣味海苔、細片商品熱銷代表。
・在通路密度方面，因南區量販店展店速度極高、店與店間距離貼近，超市接受度不如以往，使得價格廝殺白熱化；中區亦因價格戰已拓展至海線，中間通路已無利可循；北區因店數密集，採購品牌較多，品牌與品牌間的競爭較明顯。
・因市場旺季削價競爭激烈，故經銷商毛利壓縮極低，僅2～5%，經銷商期待多樣化的新產品與高迴轉率，取代市場推廣困境。

七　ICT市場消費族群食用行為調查／分析

消費者支出與收入牽動商品機會點！

・以家庭平均月收入而言，以20～30歲生產力較強，所得彈性高；30～39歲因婚姻與內部環境變遷，相對所得分配較平均，消費考慮因素趨於複雜化。

・滿巢二期以上者，子女皆已屆成年，故教育費用降低，消費力增強，家庭成員享樂主義高漲，較能接受高價位商品。

・在個人消費方面，雖在20～39歲上班族群調查，平均月收入僅20,000～30,000元，但由於對食品品質、口感及附加價值的追求下，產品的口味、娛樂性、流行價值已凌駕於實質內容，自我主義的實踐已與商品緊密連接。

八 品牌經營策略／定位／創意／逐階段目標建議

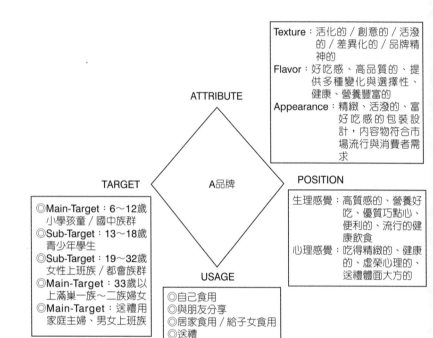

ATTRIBUTE

Texture：活化的／創意的／活潑的／差異化的／品牌精神的
Flavor：好吃感、高品質的、提供多種變化與選擇性、健康、營養豐富的
Appearance：精緻、活潑的、富好吃感的包裝設計，內容物符合市場流行與消費者需求

A品牌

TARGET

◎Main-Target：6～12歲小學孩童／國中族群
◎Sub-Target：13～18歲青少年學生
◎Sub-Target：19～32歲女性上班族／都會族群
◎Main-Target：33歲以上滿巢一族～二族婦女
◎Main-Target：送禮用家庭主婦、男女上班族

POSITION

生理感覺：高質感的、營養好吃、優質巧點心、便利的、流行的健康飲食
心理感覺：吃得精緻的、健康的、虛榮心理的、送禮體面大方的

USAGE

◎自己食用
◎與朋友分享
◎居家食用／給子女食用
◎送禮
◎拌／夾飯吃

圖6-11

・產品策略定位：

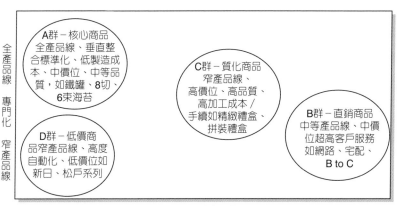

圖6-12

・產品廣告策略取向：

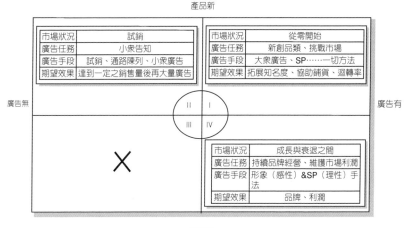

圖6-13

·品牌──競爭者構成元素分析：

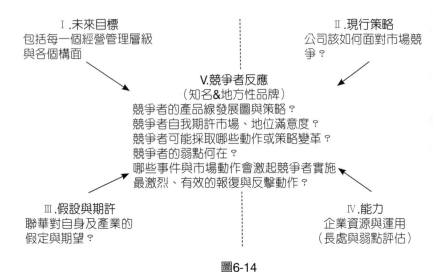

Ⅰ.未來目標
包括每一個經營管理層級
與各個構面

Ⅱ.現行策略
公司該如何面對市場競
爭？

V.競爭者反應
（知名&地方性品牌）
競爭者的產品線發展圖與策略？
競爭者自我期許市場、地位滿意度？
競爭者可能採取哪些動作或策略變革？
競爭者的弱點何在？
哪些事件與市場動作會激起競爭者實施
最激烈、有效的報復與反擊動作？

Ⅲ.假設與期許
聯華對自身及產業的
假定與期望？

Ⅳ.能力
企業資源與運用
（長處與弱點評估）

圖6-14

產品／消費者／展開分析

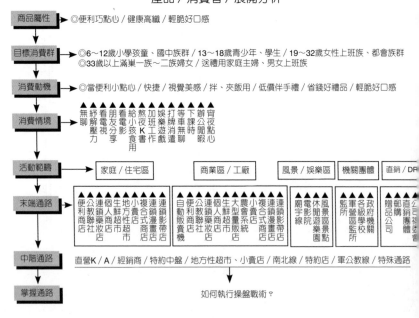

| 商品屬性 | ◎便利巧點心／健康高纖／輕脆好口感 |

| 目標消費群 | ◎6～12歲小學孩童、國中族群／13～18歲青少年、學生／19～32歲女性上班族、都會族群
◎33歲以上滿巢一族～二族婦女／送禮用家庭主婦、男女上班族 |

| 消費動機 | ◎當便利小點心／快捷／視覺美感／拌、夾飯用／低價伴手禮／省錢好禮品／輕脆好口感 |

消費情境：無聊紓解壓力／看電視分享／看朋友影片／給小孩食用／熬夜書作／娛樂打牌消遣／打K工遊戲／等下課時無聊／下公開點心／宵夜點心

活動範疇：家庭／住宅區　商業區／工廠　風景／娛樂區　機關團體　直銷／DR

末端通路：
▲便利商店　公教聯社　連鎖藥妝店　個人鮮超市　生方便店　地超市　複合店　連鎖畫漫店　連鎖影帶店
▲自動販賣機　便利商店　公教聯社　連鎖藥妝店　個人鮮超市　生鮮商販店　大賣會系統　小型量販　複連合鎖式商店　連鎖畫漫店　連鎖影帶店
▲廟宇線　電影院　休閒遊樂園　風景區景點
▲監所營區　軍公教級監所　各學校　政府機關
▲郵購公司　贈品公司　直銷團體　合作社

中階通路：直營K／A／經銷商／特約中盤／地方性超市、小賣店／南北線／特約店／軍公教線／特殊通路

掌握通路：如何執行操盤戰術？

圖6-15

· 品牌——逐階段目標建議：

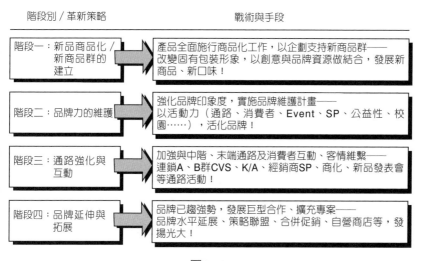

階段別／革新策略	戰術與手段
階段一：新品商品化／新商品群的建立	產品全面施行商品化工作，以企劃支持新商品群——改變固有包裝形象，以創意與品牌資源做結合，發展新商品、新口味！
階段二：品牌力的維護	強化品牌印象度，實施品牌維護計畫——以活動力（通路、消費者、Event、SP、公益性、校園……），活化品牌！
階段三：通路強化與互動	加強與中階、末端通路及消費者互動、客情維繫——連鎖A、B群CVS、K/A、經銷商SP、商化、新品發表會等通路活動！
階段四：品牌延伸與拓展	品牌已趨強勢，發展巨型合作、擴充專案——品牌水平延展、策略聯盟、合併促銷、自營商店等，發揚光大！

圖6-16

九　品牌新產品開發策略／R&D取向建議

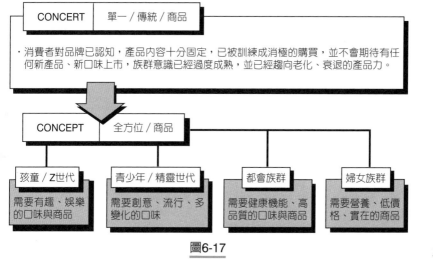

CONCERT	單一／傳統／商品

· 消費者對品牌已認知，產品內容十分固定，已被訓練成消極的購買，並不會期待有任何新產品、新口味上市，族群意識已經過度成熟，並已經趨向老化、衰退的產品力。

CONCEPT	全方位／商品

孩童／Z世代	青少年／精靈世代	都會族群	婦女族群
需要有趣、娛樂的口味與商品	需要創意、流行、多變化的口味	需要健康機能、高品質的口味與商品	需要營養、低價格、實在的商品

圖6-17

185

市場靠創造，突破就有機會！
品牌R&D／口味研發建議～

孩童／Z世代	青少年／精靈世代	都會族群	禮盒族

◎以鹹淡口味、新奇、包裝區隔為商品指標，符合簡單、安全、食用方便，海苔黏度低之品質為主要目的。

●發想口味——鹹、淡口味岩海苔、DIY夾心海苔（附調味沾醬包）、棒棒糖包裝海苔、迷你包裝海苔、卡通海苔等。

◎以創意口味、包裝區隔為商品指標，流行感、有話題性，海苔商品富變化為主要訴求目的。

●發想口味——酷辣海苔、DIY夾心海苔（附調味沾醬包）、芥茉海苔、雞汁海苔等。

◎以精緻、健康、創意、高附加價值、視覺效果之包裝設計為商品指標，流行感、質化取向為主要訴求目的。

●發想口味——蔥辣海苔、抹茶海苔、高纖海苔、綜合休閒包（海苔洋芋片）、DIY夾心海苔（附調味沾醬包）、高腳杯裝海苔、細片香絲海苔等。

◎以精緻、健康、創意、高附加價值、東洋風之包裝設計與內容為商品指標，加入變化之內容。

●發想口味——海苔堅果、抹茶海苔、紅酒海苔、果仁海苔等。

圖6-18

第七章

統計分析應用

1 列聯表上獨立性檢定

所謂列聯表，是將個體（Individuals）之集合所做科學分類之數陣，如下表：

因子分類		Y		合計
		B_1	B_2	
X	A_1	a	b	a + b
	A_2	c	d	c + d
合計		a + c	b + d	n

然後根據此一數陣做一判決。一般言之，將機率分析法應用在列聯表上時，可將列聯表分成三種模式，茲分別說明如下。

模式一：無限制式多變量抽樣（Unresticted Bivariate Sampling）

假定有一聯合分配〔$X \in A_i, Y \in B_j$〕$= P_{ij}$，$i = I(1)k$，$j = I(1)$，集合內各個體可利用隨機過程（Random Process），如P_{ij}分派至$A_i \times B_j$ $i = I(1)k$，$j = I(1)$，而得到，因此若在二維空間之隨機變數上n個獨立觀察值可用（X, Y）表示，且列聯表各元素（Entry）可用a_{ij}表示，通常獲得次數集合$\{a_{ij}\}$之機率

是以多項式表示：

$$（1\text{-}1）\qquad P\left[\{a_{ij}\}\mid n,\{P_{ij}\}\right]=n!\prod_{ij}\frac{P_{1j}a^{ij}}{[a_{1j}]!}$$

【例】

二枚不同硬幣依次獨立共擲n次，可將其結果列成二行二列之列聯表。為方便計，以1代表出現正面、2代表出現背面，則a_{11}、a_{12}、a_{21}及a_{22}分別代表出現HH、HT、TH及TT之次數。若此二枚硬幣均屬正常，則$P_{ij}=\frac{1}{4}$ i＝I(1)k，j＝I(1)。

模式二：比較性試驗（The Comparative Trial）

假定a_i個觀察值為列聯表第i列的觀察數，則若在第i列中各觀察值有一機率P_{ij}使得列變數之值為j，且各觀察值彼此相互獨立，因此假設：

$$（1\text{-}2）\qquad \sum_{j=1}^{l}P_{1j}=1\qquad i=1,2\cdots\cdots k$$

因而列聯表內各元素為a_{ij}之機率為：

$$（1\text{-}3）\qquad P[\{a_{1j}\}\mid\{a_1\},\{P_{1j}\}]=\prod_{i=1}^{k}[a_1!\prod_{j=1}^{l}\frac{P_{1j}^{aij}}{(a_{1j})!}$$

【例】

第i個年齡組a_i位母親之子女中有a_{i1}為男孩、a_{i2}為女孩，則可產生如下之（K×2）列聯表：

因子分類		子　女		合　計
		男	女	
母親	a_1	a_{11}	a_{12}	$a_{11} + a_{12}$
	a_2	a_{21}	a_{21}	$a_{21} + a_{22}$
	…	…	…	…
	$a_k{}'$	a_{k1}	a_{k2}	$a_{k1} + a_{k2}$
合　計		$\sum_i a_{i1}$	$\sum_i a_{i2}$	n

若本例可任意決定有多少列，但行（Column）數列不能任意決定，一般在人口統計上時常採用此種模式。

模式三：排列模式（The Permutation Model）

設 n 個觀察值中$a_i > 0$，$a_j > 0$，i = 1, 2, ……, k，j = 1, 2, ……, l $\sum a_{1.} = \sum a_{j} = n$。採用不歸還方法，先自n個觀察值中取出$a_1$，然後$a_2, a_3, ……, a_k$，再利用不歸還隨機過程法，自全列聯表中取出$a_1$個值將其置於第一行，然後取$a_2$個放置於第二行……，則取得元素為 a_{ij} 列聯表之方法為下式之乘積：

$$(1\text{-}4) \qquad \frac{a_{1.}!}{\prod_j a_{1j}!} \sum_{i=1}^{k} a_{ij} = a_{.j}$$

列聯表行總和（Column Totals）亦有下式所列之選擇方法：

$$（1\text{-}5）\qquad \frac{n!}{\prod_j a_j!}$$

因而若行總和固定，集合 $\{a_{ij}\}$ 之機率為：

$$（1\text{-}6）\qquad P[\{a_{1j}\}\,|\,\{a_{1\cdot}\}],\ \{a_{j\cdot}\}] = \left(\prod_i \frac{a_i!}{\prod_j a_{ij}!}\right)\Big/\left(\frac{n!}{\prod_j a_{j\cdot}}\right)$$

$$= (\prod_i a_{1\cdot})(\prod_j a_{\cdot j})/n!\prod_{ij} a_{1j}$$

但事實上，此一組合公式並不多用，而可由此一公式導出另外一個較有用的公式如下（假定 $a_{i\cdot}$ 及 $a_{j\cdot}$ 值為固定）：

$$（1\text{-}7）\qquad \sum_{ij}\prod(a_{ij})^{-1} = \frac{n!}{\prod_j a_i\cdot\prod_i a_{\cdot j}}$$

式中　$\displaystyle\sum_j a_{ij} = a_{1\cdot}$

$\displaystyle\sum_j a_{ij} = a_j$

【例】

四人玩一副橋牌，每人（列）將發給13張牌，各套之總和（行）為13。設 a_{ij} 為第 j 套分給第 i 人的數目，則任何一次分牌，其牌子分配之機率為：

$$（1\text{-}8）\qquad (\prod_i 13!)(\prod_j 13!)/[52!\prod_{ij} a_{ij}]$$

　　上面三種模式，實際均將機率函數化為（1-6）式，蓋因（1-1）式可利用（1-1）式除以該式二個邊際多項分配之乘積，另（1-3）式亦可利用（1-3）式除以其本身行多項式（Column Multinomial）。

　　若列聯表內各組成因子（Entry）之機率為P_{ij}，則表內數字資料是否符合假設

（2-1）　　　　　　　　　　$$P_{ij} = P_i . P_{.j}$$

須用統計量：

（2-2）　　　　$$\chi^2 = \sum_j \sum_i \frac{(a_{ij} - nP_{ij})^2}{nP_{ij}}, \quad \Sigma\Sigma a_{ij} = n$$

以檢定之，其自由度為（$kl - 1$）。

　　上面所說假設$P_{ij} = P_i . P_{.j}$利用觀察值予以檢定，主要約有二種情形：

　　1.假設邊際機率P_i及P_j均為已知，此時只要檢定因子機率P_{ij}能否利用（2-1）式構成即可。

　　2.假定邊際機率為未知，則必須檢定屬性（Attributes）是否獨立？

　　由問題 1.即可知：

（2-3）　　　　$$\chi^2 = \sum_i^k \sum_j^l \frac{(a_{ij} - nP_i . P_{.j})^2}{nP_i P_j} \quad df = kl - 1$$

利用上式，即能衡量理論次數與觀察次數是否相吻合，並由此式可知其中實包含下面二大構成因素：

$$\text{（2-4）} \qquad \chi_1^2 = \sum_i \frac{(a_i. - nP_i.)^2}{nP_1} \quad df = k-1$$

$$\text{（2-5）} \qquad \chi_2^2 = \sum_j \frac{(a._j - nP._j)^2}{nP_j} \quad df = l-1$$

此二式，即可衡量觀察邊際次數與期望次數是否相吻合，再將此二式代入（2-3）式，即能得下式：

$$\text{（2-6）} \qquad \chi_3^2 = x^2 - x_1^2 - x_2^2$$
$$= \sum \sum \frac{(a_{ij} - a_i.P_i. - a._jP._j + nP_i.P._j)^2}{nP_i P_j}$$

因（2-3）式之自由度為$(kl-1)$，（2-4）式及（2-5）式之自由度分別為$(k-1)$及$(l-1)$，因而χ_3^2之自由度應為$(kl-1)-(k-1)-(1-1)=(k-1)(l-1)$，故利用（2-6）式即能檢定是否獨立。

【例】

二種植物相交配後所得到之結果如下表，假定表內各元素期望比例為$9：3：3：1$，亦即假定理論邊際比例為$3：1$，又設型態與顏色獨立遺傳。

分類		顏色		合計	理論比率
		紫	紅		
型態	長	296	27	323	$\frac{3}{4}$
	圓	19	85	104	$\frac{1}{4}$
合計		315	112	427	1
理論比率		$\frac{3}{4}$	$\frac{1}{4}$	1	

【解】

$$\chi^2 = \frac{\left[296 - (427)\left(\frac{3}{4}\right)\left(\frac{3}{4}\right)\right]^2}{(427)\left(\frac{3}{4}\right)\left(\frac{3}{4}\right)} + \frac{\left[27 - (26)(427)\left(\frac{3}{4}\right)\left(\frac{1}{4}\right)\right]^2}{(427)\left(\frac{3}{4}\right)\left(\frac{1}{4}\right)}$$

$$+ \frac{\left[19 - \left(\frac{3}{4}\right)\left(\frac{1}{4}\right)(427)\right]^2}{(427)\left(\frac{3}{4}\right)\left(\frac{1}{4}\right)} + \frac{\left[85 - (427)\left(\frac{1}{4}\right)\left(\frac{1}{4}\right)\right]^2}{(427)\left(\frac{1}{4}\right)\left(\frac{1}{4}\right)}$$

$$= \frac{(296 - 240.2)^2}{240.2} + \frac{(27 + 80.05)^2}{80.05} + \frac{(19 - 80.05)^2}{80.05}$$

$$+ \frac{(85 - 26.7)^2}{26.7}$$

$$= 222.12$$

又當自由度為$(2 \times 2 - 1) = 3$時，

$$P\left[\chi^2(3) \geq 222.12\right] \to 0$$

因此得知理論次數與觀察次數實未能相配合。此外，

$$\chi_1^2 = \frac{\left[323 - (427)\left(\frac{3}{4}\right)\right]^2}{(427)\left(\frac{3}{4}\right)} + \frac{\left[104 - (427)\left(\frac{1}{4}\right)\right]^2}{(427)\left(\frac{1}{4}\right)}$$

$$= 0.09$$

$$\chi_2^2 = \frac{\left[315 - (427)\right]\left(\frac{3}{4}^2\right)}{(427)\left(\frac{3}{4}\right)} + \frac{\left[112 - (427)\left(\frac{1}{4}\right)\right]^2}{(427)\left(\frac{1}{4}\right)}$$

$$= 0.34$$

利用上面二式與自由度為1之卡方分配相比較，可知在型態方面與在顏色方面均使觀察結果極為配合理論次數。又

$$\chi_3^2 = \chi^2 - \chi_1^2 - \chi_2^2$$
$$= 222.12 - 0.09 - 0.34$$
$$= 221.69$$

當自由度為1時，

$$P\ [\chi^2(1) \geq 221.69] \to 0$$

即知本題原先假定型態與顏色相互獨立遺傳並不能被證實，亦即理論次數與觀察次數之間不能配合，是由於型態與顏色並不獨立遺傳所致。

由問題 2.當邊際機率為未知時，則假設：

（2-7） $$P_{ij} = P_i . P_{.j}$$

須用最概推定量予以估計，又因最概推定量為：

（2-8） $$\widehat{P}_i = \frac{a_{i.}}{n} \quad \widehat{P}_j = \frac{a_{j.}}{n}$$

故將此推定量代入 χ^2，得：

（2-9） $$\chi^2 = \sum_i^k \sum_j^l \frac{\left[a_{ij} - \dfrac{a_{i.}.a_{.j}}{n} \right]^2}{\dfrac{a_i a_j}{n}}$$

此時估計之母數共有$(k-1) + (l-1)$個，而上式卡方變數之自由度應為$kl - (k-1) - (l-1) = (k-1)(l-1)$。

再將（2-4）式及（2-5）式以（2-8）式代入時，即得x_1^2及

x_2^2 之值均等於零。因此，

（2-10） $\chi_3^2 = \chi^2 - \chi_1^2 - \chi_2^2 = \chi^2$

即（2-9）式與（2-10）式相等，因而（2-9）式即可用來檢定各因子之間是否獨立。

上面所說的獨立性檢定有二種情況頗有用處，茲分別說明如下：

1.在上例中，若發現理論次數與觀察之邊際次數具有很明顯的差異，即表示原先所假設之邊際機率並不正確，或者說邊際次數的比例並非等於3：1。此時利用χ_3^2來檢定即失去其有效性。換言之，χ_3^2的意義可由使用錯誤比例而產生不正當或錯誤的結論，此時最好能利用推定比率P_i及P_j，亦即利用（2-9）式來做檢定，當較易收到正確之結論。

2.第二種情形是當理論次數未能事先指定時，即可利用推定的方式由（2-9）式來檢定獨立性。

當上面第二種情況之列聯表（2×2）且a_{11}、a_{12}、a_{21}、a_{22}分別用a、b、c、d代表時，則成下表：

因子分類		Y B₁	Y B₂	合計
X	A₁	a	b	a + b
X	A₂	c	d	c + d
合計		a + c	b + d	n

此時（2-9）式變成：

$$\chi^2 = \frac{\left[a - \frac{(a+b)(a+c)}{n}\right]^2}{\frac{(a+b)(a+c)}{n}} + \frac{\left[b - \frac{(a+b)(b+d)}{n}\right]^2}{\frac{(a+b)(b+d)}{n}}$$

（2-11）

$$+ \frac{\left[c - \frac{(a+c)(c+d)}{n}\right]^2}{\frac{(a+c)(c+d)}{n}} + \frac{\left[d - \frac{(b+d)(c+d)}{n}\right]^2}{\frac{(b+d)(c+d)}{n}}$$

再予適當之簡化，而得：

（2-12）
$$\chi^2 = \frac{n(ad - bc)^2}{(a+b)(a+c)(c+d)(b+d)}$$

【例】

下表中的資料，係代表一婦產科醫院一連三個月對懷孕婦女所預測嬰兒出生性別人數，並假定前二個月是由某甲利用A種檢驗方法推測，後一個月則由乙醫生利用B種檢驗方法來預測，試問預測之嬰兒性別比率應如何？

因子分類		月別			合計
		1	2	3	
性別	男	162	180	210	552
	女	110	125	200	435
合　計		272	305	410	987

【解】

假定男女比例為1：1，則上表之期望人數（理論次數）如下：

因子分類		月別			合計
		1	2	3	
性別	男	136	152.5	205	493.5
	女	136	152.5	205	493.5
合　計		272	305	410	987

利用上表可求得：

$$\chi_a^2 = \frac{(162-136)^2}{136} + \frac{(110-136)^2}{136} = 9.94$$
$$\chi_b^2 = \frac{(180-152.5)^2}{152.5} + \frac{(125-152.5)^2}{152.5} = 9.92$$
$$\chi_c^2 = \frac{(210-205)^2}{205} + \frac{(200-205)^2}{205} = 0.24$$

再利用自由度為1之卡方分配分別與上面三式做比較，知第一個月及第二個月男女性別與期望之男女性別有所差異，而第三個月則令觀察次數較接近期望次數，即只有第三個月觀察比例較接近期望比例。

將上面三式相加：

$$\chi_t^2 = x_a{}^2 + x_b{}^2 + x_c{}^2 = 20.1$$

再與自由度為3之卡方分配比較：

$$P[\chi^2(3) \geq 20.1] \to 0$$

因此，期望比例與實行觀察次數具有很明顯的差異。另由前段則能瞭解此種差異是基於前二個月之差異所導致，若由三

個月之邊際和來衡量，則：

$$\chi_d^2 = \frac{(552-49.5)^2}{493.5} + \frac{(435-493.5)^2}{493.5} = 13.87$$
$$\chi^2 = 20.1 - 13.87 = 6.23$$

再與自由度為2之卡方分配比較：

$$P[\chi^2(2) \geq 6.23] \to 0.04$$

因此，當顯著水準為5%時，因

$$P[\chi^2(2) \geq 5.99] = 0.05$$

即知觀察比例與理論比例具有差異，但利用這種方法所得之結果並不絕對正確，因為邊際和並不與性別比例相一致。（因$\chi_d^2 = 13.87$與自由度為1之卡方分配相比較，顯得較為巨大，蓋$\chi^2_{0.05}(1) = 3.84$）。

但我們可進一步問，雖然三月的性別比例並非1：1，而此三月的性別比例是否相同呢？此時即可利用（2-9）式來做檢定：

$$\chi^2 = \sum_{i=1}^{k} \sum_{j=1}^{l} \frac{\left[a_{1j} - \frac{a_i . a_{.j}}{n} \right]^2}{\frac{a_i . a_{.j}}{n}}$$
$$= \frac{\left[162 - \frac{(272)(552)}{987} \right]^2}{\frac{(272)(552)}{987}} + \frac{\left[180 - \frac{(305)(552)}{987} \right]^2}{\frac{(305)(552)}{987}}$$

$$+ \frac{\left[210 - \frac{(410)(552)}{987}\right]^2}{\frac{(410)(552)}{987}}$$

$$+ \frac{\left[110 - \frac{(272)(435)}{987}\right]^2}{\frac{(272)(435)}{987}} + \frac{\left[125 - \frac{(305)(435)}{987}\right]^2}{\frac{(305)(435)}{987}}$$

$$+ \frac{\left[200 - \frac{(410)(435)}{987}\right]^2}{\frac{(410)(435)}{987}}$$

$$\Rightarrow \chi^2 = 6.32$$

當自由度為$(3-1)(2-1) = 2$時，

$$P[\chi^2(2) = 5.99] = 0.05$$

顯示三月的性別比例仍具有差異。

此時我們懷疑由於利用不同的檢驗方法是否導致不同的性別預測，因此將原資料列為下述（2×2）表，俾再做分析。

因子分類		檢驗者		合計
		甲	乙	
性別	男	342	210	552
	女	235	200	435
合計		577	410	987

計算 χ^2 得：

$$\chi^2 = \frac{987[(342)(200) - (210)(235)]^2}{(577)(410)(552)(435)}$$
$$= 6.31$$

另由自由度為1之平方分配得：

$$P\,[\chi^2(1) \geq 3.84] = 0.05$$

因而可得最後結論：「性別比例之差異，是基於檢驗方法不同而產生。詳言之，觀察次數性別比例與理論比例之所以不同，乃是因甲乙二人各用不同檢驗方法做推論而產生。」

若基於本節（2×2）表所述，將（2×2）表利用 χ^2 檢定獨立性，則在（k−l）列聯表亦可利用歸納法將它化成（k−1）（l−1）個（2×2）表，之後再根據自由度（k−1）（l−1）之 χ^2 來檢定獨立性。

此處須特別注意者，是當（2×2）表中各數字甚小時，利用前面所說之 χ^2 來檢定獨立性，其效果即不甚明顯，因此必須考慮利用下述之方法檢定。

假定（2×2）表如下，其中a、b、c、d為觀察次數，α、β、γ、δ，則為其對應之理論次數。當理論次數較實際次數為小時，利用偏倚(+)；理論次數較觀察次數為大時，利用偏倚(−)。

因子分類		Y		合計
		B_1	B_2	
X	A_1	$a(\alpha)$	$b(\beta)$	x
	A_2	$c(\gamma)$	$d(\delta)$	y
合計		u	v	n

$a + b = \alpha + \beta = x$
$c + d = \gamma + \delta = y$
$a + c = \alpha + \gamma = u$
$b + d = \beta + \delta = v$

偏倚之型態必為下列二者之一：

(A)
$$\begin{array}{c|c} + & - \\ \hline - & + \end{array}$$
(B)
$$\begin{array}{c|c} - & + \\ \hline + & - \end{array}$$

倘（2×2）表之偏倚型態為上述(A)型時，將原（2×2）做成下表：

$$\begin{array}{c|c} a+1 & b-1 \\ \hline c-1 & d+1 \end{array} \quad \begin{array}{c|c} a+2 & b-2 \\ \hline c-2 & d+2 \end{array} \cdots\cdots \begin{array}{c|c} a+i & b-i \\ \hline c-i & d+i \end{array}$$

上面各表之總次數仍與原來之（2×2）表總次數相同，因此其所得之理論次數亦不變，並稱上面各表為與原有樣本同方向由理論次數所引起的偏倚分配。假設上述做法做至 $b-i$ 或 $c-i$ 中之一為零時止，如此可得所有與原樣本同方向並為較大偏倚之各分配，又因邊際和固定，因此只要將發生此種情形之機率算出，然後相加，再與事先假設之顯著水準相較，即能檢定虛無假設是否成立。茲證明如後：

令
$$\frac{a+b}{n} = \frac{x}{n} = p_1 \quad \frac{c+d}{n} = \frac{y}{n} = q_1$$
$$\frac{a+c}{n} = \frac{u}{n} = p_2 \quad \frac{b+d}{n} = \frac{v}{n} = q_2$$

在 n 次反覆實驗中得上列各和之機率，依二品質相互獨立時得：

$$P[X] = \binom{n}{x} p_1{}^x q_1{}^{n-x} \binom{n}{n} p_2{}^u q_2{}^{n-u} = \frac{(n!)^2}{x!\, y!\, u!\, v!} p_1{}^x q_2{}^y p_2{}^u q_2{}^v$$

在各級內次數分配情形為：

$$P[Y] = \binom{n}{x}p_1{}^x q_1{}^y \binom{x}{a} p_2{}^a q_2{}^b \binom{y}{c} p_2{}^c q_2{}^d$$
$$= \frac{n!}{a! \ b! \ c! \ d!} p_1{}^x q_1{}^y p_2{}^u p_2{}^v$$

因而依$P[X]P[Y|X] = P[Y]$得：

$$P[Y|X] = \frac{P[Y]}{P[X]} = \frac{x! \ y! \ u! \ v!}{n! \ a! \ b! \ d! \ c!}$$

【例】

右下列（2×2）表之理論次數為：

$\alpha = \frac{(8)(10)}{16} = 5$

$\beta = \frac{(8)(6)}{16} = 3$

$\gamma = \frac{(8)(10)}{16} = 5$

$\delta = \frac{(8)(6)}{16} = 3$

因子分類		II		合計
		A_1	B_2	
I	B_1	6	2	8
	B_2	4	4	8
合計		10	6	16

偏倚分配為前面所述之(A)型，依此做同方向偏倚分配如下：

6	2		7	1		8	0
4	4		3	5		2	6

其發生之機率為：

$$P[Y|X] = \frac{8!\,8!\,0!\,6!}{16!}\left[\frac{1}{6!\,2!\,4!\,4!} + \frac{1}{7!\,1!\,3!\,5!} + \frac{1}{8!\,0!\,2!\,6!}\right]$$

$$= \frac{8!\,8!\,10!\,6!}{16!}\left[1 + \frac{2\times4}{7\times5} + \frac{4!}{8\times7\times6\times5}\right]$$

$$\Rightarrow P[Y|X] = 0.304$$

上面計算結果之機率實較顯著水準為大,因此須承認(2×2)表中(I)與(II)二種品質相互獨立。

前面所談論的,最多仍只限於二維空間之(k×l)列聯表。當列聯表為多維空間時,亦可將上述之二維空間情況做一推廣。茲簡單說明如後:

假設列表呈現多維形式,其虛無假設應為:

$$P_{ijt\cdots} = P_{i\cdots}P_{j\cdots}P_{t\cdots}\cdots i = 1, 2, \cdots k$$
$$j = 1, 2, \cdots l$$
$$t = 1, 2, \cdots s$$
$$\cdots\cdots$$

期望數應為:

$$\{nP_{i\cdots}P_{j\cdots}P_{t\cdots}\cdots\}$$

因此,用以檢定獨立性之函數為:

$$\chi^2 = \sum\frac{[a_{ijt\cdots} - nP_{.1.}P_{.j.}P_{..t}]^2}{nP_{.1.}\cdots P_{.j.}P_{..t}\cdots}$$

並趨近於自由度(kls⋯−1)之卡方分配。

上面那種情況,為邊際機率已知時所採用之檢定函數。當邊際機率為未知時,則須利用最概推定量 $P_{j\cdots}P_{.j\cdots}P_{..t}$ 以代替

之，此時估計之母數共有$(k-1)+(l-1)+(s-1)+\cdots\cdots+(r-1)$個，因此應為自由度$(kls\cdots r-1)-(k-1)-(l-1)-(s-1)\cdots\cdots$ $(r-1)$之卡方分配，其檢定函數亦變為：

$$\chi^2 = \sum_{i,j,t,\cdots} \frac{\left[a_{ijt\cdots} - \dfrac{a_{..i.}\cdots a_{.j.}\cdots a_t\cdots}{n}\right]^2}{\left(\dfrac{a_{i....}\cdots a_{.j..}\cdots a_{..t.}\cdots}{n}\right)}$$

2 變異數分析

　　統計資料常受多種因素的影響，而使各個體的某種特徵發生差異。如研究農作物產量得知，影響農作物產量的因素很多，如種子、肥料、土壤、排水、氣溫、雨量等；研究產品銷售量得知，影響產品銷售量的因素很多，如廣告、款式、包裝、顏色、人口、所得等；研究工作效率得知，影響工人工作效率的因素很多，如種族、年齡、工作時間、福利、工作環境等，對這些影響因素（自變數）所造成之差異的觀察與驗證的統計方法，稱為「變異數分析」（Anaylysis of Variance），簡稱「ANOVA」。

　　本章介紹「單因子變異數分析」、「二因子無重複」及「重複試行之變異數分析」。

一　單因子變異數分析之模式

從 k 個母體中，分別抽取一個大小為 n 的隨機樣本。設此 k 個母體為獨立，具有相同變異數 δ^2 之常態分配。其平均數分別為 μ_1, μ_2, ……, μ_k。今欲推求一適當方法，以檢定假設：

$$H_0 : \mu_1 = \mu_2 = \cdots\cdots = \mu_k$$
$$H_1 : 至少有二平均數不等$$

命 x_{ij} 表來自第 i 個母體的第 j 個觀測值，並將其排列成如表 7-1 形式。從第 i 個母體中所取樣本觀測值之和與平均數，分別以 $T_{1.}$ 與 $\bar{x}_{i.}$ 表之。所有 nk 個觀測值之總和與平均數，分別為 $T_{..}$ 與 $\bar{x}_{..}$。每一觀測值可寫成：

$$x_{ij} = \mu_1 + \epsilon_{ij},$$

式中 ϵ_{ij} 表第 i 個樣本中，第 j 個觀測值與隸屬母體平均數之離差。若以 $\mu_1 = \mu + \alpha_i$，得此方程式之另一常用形式：

$$x_{ij} = \mu + \alpha_i + \epsilon_{ij},$$

其中 μ 為所有 μ_i 的平均數，即 $\mu = \sum_{i=1}^{k} \mu_i / k$，並受 $\sum_{i=1}^{k} \alpha_i = \sum_{i=1}^{k} (\mu_i - \mu) = 0$ 的限制。習慣上，常稱 α_i 為第 i 個母體的效果（Effect）或影響。

表7-1　k個隨機樣本

	母		體			
	1	2	$\cdots$	i	$\cdots$	k
	x_{11}	x_{21}	$\cdots$	x_{i1}	$\cdots$	x_{k1}
	x_{12}	x_{22}		x_{i2}		x_{k2}
	$\vdots$	$\vdots$		$\vdots$		$\vdots$
	x_{1n}	x_{2n}	$\cdots$	x_{in}	$\cdots$	x_{kn}
總　和	$T_{1}.$	$T_{2}.$	$\cdots$	$T_{i}.$	$\cdots$	$T_{k}.$
平均數	$\bar{x}_{1}.$	$\bar{x}_{2}.$	$\cdots$	$\bar{x}_{i}.$	$\cdots$	$\bar{x}_{k}.$

$$T_{i}. = \sum_{j=1}^{n} x_{ij}, \quad \bar{x}_{i}. = \frac{1}{n}\sum_{j=1}^{n} x_{ij} = \frac{1}{n}T_{i}.$$

$$T.. = \sum_{j=1}^{n} T_{i}. = \sum_{i}\sum_{j} x_{ij}, \quad \bar{x}.. = \frac{1}{nk}T.. = \frac{1}{nk}\sum_{i}\sum_{j} x_{ij}$$

前列k個母體平均數相等的虛無假設,及至少有二母體平均數不等的對立假設,現可以其同義假設代替,即:

$$H_0 : \alpha_1 = \alpha_2 = \cdots\cdots = \alpha_k = 0$$
$$H_1 : 至少有一 \alpha_i 不等於零$$

二　平方和(變異)恆等式

檢定方法係以母體共同變異數 δ^2 之二獨立估計值為基礎,而比較之。此二估計值,係從樣本資料之總變異,分解成二部分求得。

若視全部觀測值為一大小nk之單獨樣本,其變異數公式為:

$$S^2 = \frac{1}{nk-1} \sum_{i=1}^{k} \sum_{j=1}^{n} (x_{ij} - \overline{x}..)^2$$

S^2 的分子稱總平方和（Total Sum Of Squares），測定全部資料的總變異。由下列恆等式，將此總平方和分割成二部分：

【定理7-1】 單因子平方和恆等式

$$\sum_{i=1}^{k} \sum_{j=1}^{n} (x_{ij} - \overline{x}..)^2 = n \sum_{i=1}^{k} (\overline{x}_i. - \overline{x}..)^2 + \sum_{i=1}^{k} \sum_{j=1}^{n} (x_{ij} - x_i.)^2$$

〔證〕
$$\sum_{i=1}^{k} \sum_{j=1}^{n} (x_{ij} - \overline{x}..)^2 = \sum_i \sum_j [(\overline{x}_i. - \overline{x}..) + (x_{ij} - \overline{x}_i.)]^2$$
$$= \sum_i \sum_j [(\overline{x}_i. - \overline{x}..)^2 + 2(\overline{x}_i. - \overline{x}..)(x_{ij} - \overline{x}_i.)$$
$$+ (x_{ij} - \overline{x}_i.)^2]$$
$$= \sum_i \sum_j (\overline{x}_i. - \overline{x}..)^2 + 2 \sum_i \sum_j (\overline{x}_i. - \overline{x}..)(x_{ij} - \overline{x}_i.)$$
$$+ \sum_i \sum_j (x_{ij} - \overline{x}_i.)^2 \, 。$$

中間交叉項為零，因：

$$\sum_{j=1}^{n} (x_{ij} - \overline{x}_i.) = \sum_{j=1}^{n} x_{ij} - n\overline{x}_i. = \sum_{j=1}^{n} x_{ij} - n\left(\frac{1}{n}\sum_{j=1}^{n} x_{ij}\right) = 0$$

又第一項括號內無 j 下標，可改寫成：

$$\sum_i \sum_j (\overline{x}_i. - \overline{x}..)^2 = n\sum_i (\overline{x}_i. - \overline{x}..)^2$$

故，

$$\sum_i \sum_j (x_{ij} - \bar{x}..)^2 = n\sum_i (\bar{x}_i. - \bar{x}..)^2 + \sum_i \sum_j (x_{ij} - \bar{x}_i.)^2$$

為方便起見，以下列符號表示平方和恆等式：

$$SST = \sum_i \sum_j (x_{ij} - \bar{x}..)^2 = 總平方和（總變異）$$
$$SSC = n\sum_i (\bar{x}_i - \bar{x}..)^2 = 行平均平方和（行變異或組間變異）$$
$$SSE = \sum_i \sum_j (x_{ij} - \bar{x}_1.)^2 = 誤差平方和（組內變異）$$

如此，平方和恆等式可以下列符號方程式表示：

$$SST = SSC + SSE$$

以上所定計算平方和（變異）的公式，並非最佳形式。實際應用時，可改用下列簡式，先求SST與SSC，再用減法求得SSE，可大收簡化之效。

【定理7-2】
$$SST = \sum_i \sum_j x_{ij}^2 - \frac{1}{nk}T..^2$$
$$SSC = \frac{1}{n}\sum_i T_i^2 - \frac{1}{nk}T..^2$$
$$SSE = SST - SSC$$

〔證〕因 $SST = \sum_{i=1}^{k}\sum_{j=1}^{ni}(x_{ij} - \bar{x}..)^2$

$$= \sum_{i=1}^{k}\sum_{j=1}^{nl}\left(x_{ij} - \frac{T..}{\sum_{i=1}^{k}n_i}\right)^2$$

$$= \sum_{i=1}^{k} \sum_{j=1}^{ni} \left(x_{ij}^2 - 2x_{ij}\frac{T..}{\sum_{i=1}^{k} n_i} + \frac{T..^2}{\left(\sum_{i=1}^{k} n_i\right)^2} \right)$$

$$= \sum_{i=1}^{k} \sum_{j=1}^{ni} x_{ij}^2 - 2\frac{T..}{\sum_{i=1}^{k} n_i} \sum_{i=1}^{k} \sum_{j=1}^{ni} x_{ij} + \sum_{i=1}^{k} \sum_{j=1}^{ni} \frac{T..^2}{\left(\sum_{i=1}^{k} n_i\right)^2}$$

$$= \sum_{i=1}^{k} \sum_{j=1}^{ni} x^2_{ij} - 2\frac{T..^2}{\sum_{i=1}^{k} n_i} + \sum_{i=1}^{k} n_i \frac{T..^2}{\left(\sum_{i=1}^{k} n_i\right)^2}$$

$$= \sum_{i=1}^{k} \sum_{j=1}^{ni} x_{ij}^2 - \frac{T..^2}{\sum_{i=1}^{k} n_i}$$

$$= \sum_{i=1}^{k} \sum_{j=1}^{ni} x_{ij}^2 - \frac{1}{nk}T..^2$$

$$SSC = \sum_{i=1}^{k} n_i (\overline{x}_i. - \overline{x}..)^2$$

$$= \sum_{i=1}^{k} n_i (\overline{x}_i.^2 - 2\overline{x}_i.\overline{x}.. + \overline{x}..^2)$$

$$= \sum_{i=1}^{k} n_i \overline{x}_i.^2 - \sum_{i=1}^{k} n_i \overline{x}..^2$$

$$= \sum_{i=1}^{k} \frac{T_i.^2}{n_i} - \frac{T..^2}{\sum_{i=1}^{k} n_i}$$

$$= \frac{1}{n_i} \sum_{i=1}^{k} T_i.^2 - \frac{1}{nk}T..^2$$

綜合上述，單因子變異數分析，其條件為：

1.令 Y_{ij} 表示第 i 個母體中的第 j 個觀測值，則

$$Y_{ij} = \mu_i + \varepsilon_{ij} = \mu + \alpha_i + \varepsilon_{ij}$$

式中 α_i 為「因素效應」（Factor Effect），ε_{ij} 為「誤差」或「殘差」（Residual）。因此，式之成立而將此ANOVA模型稱為「直線模型」。

2.各母體之 ε_{ij} 獨立，其分配為常態分配，$E(\varepsilon_{ij}) = 0$，$V(\varepsilon_{ij}) = \sigma^2$ 即 $\varepsilon_{ij} \sim N.D.(0, \sigma^2)$ 。

3.k 個常態母體的變異數皆相等，即 $\sigma_1{}^2 = \sigma_2{}^2 = \cdots\cdots = \sigma_k{}^2 = \sigma^2$，$\sigma^2$ 為共同變異數。

三　二因子無重複試行之變異數分析

二因子無重複試行之變異數分析，抽樣資料之一般排列，如表7-2所示。其中 x_{ij} 表第i列與第j行一格中之觀測值，並設 x_{ij} 為具有常態分配之獨立隨機變數之值。該常態分配之平均數與變異數，分別為 μ_{ij} 與 σ^2。又 $T_{i.}$ 與 $\overline{x}_{i.}$ 分表第i列中觀測值之和與平均數；$T_{.j}$ 與 $\overline{x}_{.j}$ 分表第j行中觀測值之和與平均數；$T_{..}$ 與 $\overline{x}_{..}$ 分表所有rc個觀測值的總和與總平均數。

表7-2　二因子分類（r×c）每格一觀測值

	別			行				
	1	2	$\cdots$	j	$\cdots$	c		
1	x_{11}	x_{21}	$\cdots$	x_{i1}	$\cdots$	x_{r1}	$T_{1.}$	$\overline{x}_{1.}$
2	x_{12}	x_{22}	$\cdots$	x_{i2}	$\cdots$	x_{r2}	$T_{2.}$	$\overline{x}_{2.}$
$\vdots$	$\vdots$	$\vdots$		$\vdots$		$\vdots$	$\vdots$	$\vdots$
i	x_{1j}	x_{2j}		x_{ij}		x_{rj}	$T_{i.}$	$\overline{x}_{i.}$
$\vdots$	$\vdots$	$\vdots$		$\vdots$		$\vdots$	$\vdots$	$\vdots$
r	x_{1c}	x_{2c}		x_{ic}		x_{rc}	$T_{r.}$	$\overline{x}_{r.}$
行　和	$T_{.1}$	$T_{.2}$	$\cdots$	$T_{.j}$	$\cdots$	$T_{.C}$	$T_{..}$	
行平均	$\overline{x}_{..}$	$\overline{x}_{.2}$	$\cdots$	$\overline{x}_{.j}$	$\cdots$	$\overline{x}_{.c}$		$\overline{x}_{..}$

第i列母體平均數之平均數 $\mu_{i.}$，定義為：

$$\mu_{i.} = \frac{1}{c}\sum_{j=1}^{c}\mu_{ij}$$

同樣地，第j行母體平均數之平均數 $\mu_{.j}$，定義為：

$$\mu_{.j} = \frac{1}{r}\sum_{i=1}^{r}\mu_{ij}$$

又rc個母體平均數之平均數 μ 定義為：

$$\mu = \frac{1}{rc}\sum_{i=1}^{r}\sum_{j=1}^{c}\mu_{ij}$$

欲決定樣本觀測值之部分變異，係由於列之不同而產生者，則檢定：

$$H_0 : \mu_{1.} = \mu_{2.} = \mu_{r.} = \mu$$
$$H_1 : \mu_{1.}不全等同樣$$

欲決定樣本觀測值之部分變異，係由於行之不同而產生者，則檢定：

$$H_0 : \mu_{1.} = \mu_{2.} = \cdots\cdots = \mu_{.c} = \mu$$
$$H_1 : \mu_{.j}不全等$$

各觀測值可寫成：

$$x_{ij} = \mu_{ij} + \epsilon_{ij} \text{,}$$

式中 ϵ_{ij} 表觀測值與母體平均數 μ_{ij} 之差。應用下列代換式：

$$\mu_{ij} = \mu + \alpha_i + \beta_j$$

可得一更常用形式。式中 α_i 與 β_j 分表第 i 列與第 j 行的影響或效果（Effect），並假定列影響與行影響是可加的。因此，可書寫成下式：

$$x_{ij} = \mu + \alpha_1 + \beta_j + \epsilon_{ij}$$

　　若加下列限制：

$$\sum_{i=1}^{r} \alpha_i = 0 \text{ 與 } \sum_{j=1}^{c} \beta_j = 0$$

則，

$$\mu_{i\cdot} = \frac{1}{c} \sum_{j=1}^{c} (\mu + \alpha_i + \beta_j) = \mu + \alpha_i$$

$$\mu_{\cdot j} = \frac{1}{r} \sum_{i=1}^{r} (\mu + \alpha_i + \beta_j) = \mu + \beta_j\cdot$$

檢定 r 列平均數 $\mu_{i\cdot}$ 均等於 μ 的虛無假設，即檢定：

$$H_0 : \alpha_1 = \alpha_2 = \cdots\cdots = \alpha_r = 0$$
$$H_1 = \alpha_1 \text{中至少有一不為零}$$

同樣地，檢定c行平均數 $\mu_{\cdot j}$ 均等於 μ 的虛無假設，即檢定：

$$H_0：\beta_1=\beta_2=\cdots\cdots=\beta_{cr}=0$$
$$H_1：\beta_j 中至少有一不為零$$

上述檢定，均以比較共同母體變異數 σ^2 之獨立估計值為基礎。此項估計值類似「單因子變異數分析」，係將樣本資料「總變異」（總平方和），按變異來源分解成「列變異」（列差方和）、「行變異」（行差方和）及「剩餘變異」（誤差平方和）等三部分。

【定理7-3】　二因子平方和恆等式（每格一觀測值）

$$\sum_{i=1}^{r}\sum_{j=1}^{c}(x_{ij}-\overline{x}_{..})^2=c\sum_{i=1}^{r}(\overline{x}_{i.}-\overline{x}_{..})^2+r\sum_{j=1}^{c}(\overline{x}_{\cdot j}-\overline{x}_{..})^2$$
$$+\sum_{i=1}^{r}\sum_{j=1}^{c}(x_{ij}-\overline{x}_{i.}-\overline{x}_{\cdot j}+\overline{x}_{..})^2$$

〔證〕
$$\sum_{i=1}^{r}\sum_{j=1}^{c}(x_{ij}-\overline{x}_{..})^2=\sum_{i}\sum_{j}[(\overline{x}_{i.}-\overline{x}_{..})+(\overline{x}_{\cdot j}+\overline{x}_{..})$$
$$+(x_{ij}-\overline{x}_{i.}-\overline{x}_{\cdot j}+\overline{x}_{..})]^2$$
$$=\sum_{i}\sum_{j}(\overline{x}_{i.}-\overline{x}_{..})^2+\sum_{i}\sum_{j}(\overline{x}_{\cdot j}-\overline{x}_{..})^2$$
$$+\sum_{i}\sum_{j}(x_{ij}-\overline{x}_{i.}-\overline{x}_{\cdot j}+\overline{x}_{..})^2$$
$$+2\sum_{i}\sum_{j}(\overline{x}_{i.}-\overline{x}_{..})(\overline{x}_{\cdot j}-\overline{x}_{..})$$
$$+2\sum_{i}\sum_{j}(\overline{x}_{i.}-\overline{x}_{..})(x_{ij}-\overline{x}_{i.}-\overline{x}_{\cdot j}+\overline{x}_{..})$$
$$+2\sum_{i}\sum_{j}(\overline{x}_{\cdot j}-\overline{x}_{..})(x_{ij}-\overline{x}_{i.}-\overline{x}_{\cdot j}+\overline{x}_{..})$$

因最後交叉乘積三項等於零，故

$$\sum_{i=1}^{r} \sum_{j=1}^{c} (x_{ij} - \overline{x}..)^2 = c\sum_{i=1}^{r} (\overline{x}_{i.} - \overline{x}..)^2$$
$$+ r\sum_{j=1}^{c} (\overline{x}_{.j} - \overline{x}..)^2$$
$$+ \sum_{i=1}^{r} \sum_{j=1}^{c} (x_{ij} - \overline{x}_{i.} - \overline{x}_{.j} + \overline{x}..)^2$$

平方和恆等式可用下列符號方程式表示：

$$SST = SSR + SSC + SSE$$

式中：

$$SST = \sum_{i=1}^{r} \sum_{j=1}^{c} (x_{ij} - \overline{x}..)^2 = 總平方和（或總變異）$$
$$SSR = c\sum (\overline{x}_{i.} - \overline{x}..)^2 = 列間平方和（或列變異）$$
$$SSC = r\sum (x^2_{.j} - \overline{x}..)^2 = 行間平方和（或行變異）$$
$$SSE = \sum_{i=1}^{r} \sum_{j=1}^{c} (x_{ij} - \overline{x}_{i.} - \overline{x}_{.j} + \overline{x}..)^2 = 誤差平方和（剩餘變異）$$
$$最後一式 SSE = \sum_{i=1}^{r} \sum_{j=1}^{c} (x_{ij} - \overline{x}_{i.} - \overline{x}_{.j} + \overline{x}..)^2，改書成$$
$$SSE = \sum_{i=1}^{r} \sum_{j=1}^{c} [x_{ij} - (\overline{x}_{i.} - \overline{x}..) - (\overline{x}_{.j} - \overline{x}..) - \overline{x}..]^2$$

解釋為任一觀測值x_{ij}，減除列變異$(\overline{x}_{i.} - \overline{x}..)$、減除行變異$(\overline{x}_{.j} - \overline{x}..)$後的平方和，故命名為「剩餘變異」。此項變異類似「單因子變異數分析」中的「組內變異」，未受列或行因子影響（已經減除），其變異歸咎於機遇，故又稱為「誤差變異」。

以上所定差方和公式，類似單因子變異數情形，並非最佳形式。

可以定理7-4之計算簡式求之：

【定理7-4】

$$SST = \sum_{i=1}^{r} \sum_{j=1}^{c} x^2_{ij} - \frac{1}{rc} T_{..}^2$$

$$SSR = \frac{1}{c} \sum_{i=1}^{r} T_{i.}^2 - \frac{1}{rc} T_{..}^2$$

$$SSC = \frac{1}{r} \sum_{j=1}^{c} T_{.j}^2 - \frac{1}{rc} T_{..}^2$$

$$SSE = SST - SSR - SSC$$

〔證〕省略

四 二因子重複試行之變異數分析

二因子分類重複實驗的變異數分析，為有三種假設檢定的分析方法，三種假設為：

㈠列的檢定

$$H_0 : \alpha_1 = \alpha_2 = \cdots\cdots = \alpha_r = 0$$

$$H_1 : 至少有一個\alpha_i 不為零（或\alpha_i 不全為0）$$

㈡行的檢定

$$H_0' : \beta_1 = \beta_2 = \cdots\cdots = \beta_c = 0$$

$$H_1' : 至少有一個\beta_j 不為零（或\beta_j 不全為0）$$

(三)交互作用的檢定

$$H_0'' : (\alpha \beta)_{11} = (\alpha \beta)_{12} = \cdots\cdots = (\alpha \beta)_{\gamma c} = 0$$
$$H_1'' : 至少有一個(\alpha \beta)_{ij}不為零（或(\alpha \beta)_{ij}不全為0）$$

每種檢定均以比較 σ^2 的獨立估計量為基礎。在此變異數分析檢定下，將總變異拆成四部分，即：

$$\sum_{i=1}^{\gamma} \sum_{j=1}^{c} \sum_{k=1}^{n} (X_{ijk} - \overline{\overline{X}})^2 = cn \sum_{i=1}^{\gamma} (\overline{X}_{i\cdot\cdot} - \overline{\overline{X}})^2 + \gamma n \sum_{j=1}^{c} (\overline{X}_{\cdot j\cdot} - \overline{\overline{X}})^2$$
$$+ n \sum_{i=1}^{\gamma} \sum_{j=1}^{c} (\overline{X}_{ij\cdot} - \overline{X}_{i\cdot\cdot} - \overline{X}_{\cdot j\cdot} + \overline{\overline{X}})^2 + \sum_{i=1}^{\gamma} \sum_{j=1}^{c} \sum_{k=1}^{n} (X_{ijk} - \overline{X}_{ij\cdot})^2$$

式中 γ 為列數、c 為行數、n 為每一組合實驗所抽取樣本大小。
$\overline{\overline{Y}} = \sum_{i=1}^{\gamma} \sum_{j=1}^{c} \sum_{k=1}^{n} X_{ijk} / \gamma cn$，$\overline{X}_{i\cdot\cdot} = \sum_{j=1}^{c} \sum_{k=1}^{n} X_{ijk} / cn$，$\overline{X}_{\cdot j\cdot} = \sum_{i=1}^{\gamma} \sum_{k=1}^{n} X_{ijk} / \gamma n$，

$\overline{X}_{ij\cdot} = \sum_{k=1}^{n} X_{ijk} / n$。$\sum_{i=1}^{\gamma} \sum_{j=1}^{c} \sum_{k=1}^{n} (X_{ijk} - \overline{\overline{X}})^2$ 稱為「總變異」，以SST表

之；$cn \sum_{i=1}^{\gamma} (\overline{X}_{i\cdot\cdot} - \overline{\overline{X}})^2$ 稱為「列間變異」，以SSR表之；

$\gamma n \sum_{j=1}^{c} (\overline{X}_{\cdot j\cdot} - \overline{\overline{X}})^2$ 稱為「行間變異」，以SSC表之；

$n \sum_{i=1}^{\gamma} \sum_{j=1}^{c} (\overline{X}_{ij} - \overline{X}_{i\cdot\cdot} - \overline{X}_{\cdot j\cdot} + \overline{\overline{X}})^2$ 稱為「交互作用變異」，以SSI

表之；$\sum_{i=1}^{\gamma} \sum_{j=1}^{c} \sum_{k=1}^{n} (X_{ijk} - \overline{X}_{ij\cdot})^2$ 稱為「誤差變異」，以SSE表

之：即總變異SST為：

$$SST = SSR + SSC + SSI + SSE$$

σ^2 的四個估計量分別為：

$$MSR = \frac{SSR}{\gamma - 1}$$

$$MSC = \frac{SSC}{c - 1}$$

$$MSI = \frac{SSI}{(\gamma - 1)(c - 1)}$$

$$MSE = \frac{SSE}{\gamma c(n - 1)}$$

若H_0、H_0'與H_0''成立，則MSR、MSC、MSI、MSE皆為σ^2的不偏估計量。茲將二因子分類重複實驗的變異數分析法（表7-3）表列於下，並舉二例說明之。

表7-3　二因子分類重複實驗變異數分析表

變異來源	SS	df	MS	F	決策
列　間	SSR	$\gamma - 1$	MSR	$F_\gamma = \dfrac{MSR}{MSE}$	當$F_\gamma > F_{[1-\alpha;(\gamma-1),\,\gamma c(n-1)]}$時，拒絕$H_0$。
行　間	SSC	$c - 1$	MSC	$F_c = \dfrac{MSC}{MSE}$	當$F_c > F_{[1-\alpha;(c-1),\,\gamma c(n-1)]}$時，拒絕$H_0'$。
交互作用	SSI	$(\gamma-1)(c-1)$	MSI	$F_I = \dfrac{MSI}{MSE}$	當$F_I > F_{[1-\alpha;(\gamma-1)(c-1),\,\gamma c(n-1)]}$時，拒絕$H_0''$。
誤　差	SSE	$\gamma c(n-1)$	MSE		
總　和	SST	$\gamma c n - 1$			

3 實例研討：統計分析與市場調查

統計分析係探討關於數據分析及依據資料而做推論，近年來，幾乎在各不同領域中都扮演著愈來愈重要的角色。統

計分析可視為「知識研究統計分析」，基本上包括下列幾個步驟：（顏月珠，1989）

㈠蒐集資料

可由資料來源處觀察、調查、實驗或登記而取得直接資料；或引用政府機構、徵信機構、廣告公司等已發表的間接資料。

㈡整理資料

可將統計資料依時間、空間、性質、數量等標準表列成統計數列，而有「時間數列」、「空間數列」、「性質數列」、「數量數列」。

㈢陳示資料

簡單的統計資料可用文字說明，一般的統計資料都應該以統計表、統計圖或數學方程式表示，才可表現統計資料的特徵及其相互間的關係。

㈣分析資料

即求算統計資料的重要表徵數，如算術平均數、比例、相關係數等。

㈤解釋資料

闡明表徵數的意義，可使表徵數更有代表性，能顯現統計資料所蘊含的特性。

㈥推論母體

由具有代表性的隨機樣本求算統計量後，透過抽樣原理，對母體做估計或檢定。

　　市場調查應用統計分析，可參酌戴久永教授所創「統計問題判別流程圖」。

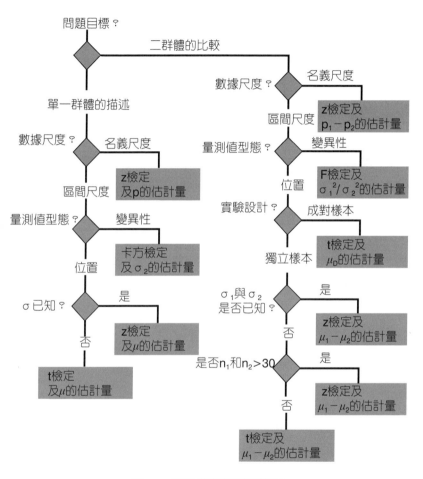

圖7-1　統計問題判別流程圖

資料來源：戴久永，《統計概念與方法》，三民書局，2005年8月修訂再版，
　　　　p.595。

範 例 1

設有甲、乙、丙三人，分別調查臺北、臺中、臺南三市生活費用指數，所得結果如下：

	臺北市	臺南市	臺中市
甲	270	263	264
乙	280	265	274
丙	275	284	278

查F值表：當$n_1 = 2$、$n_2 = 4$時，0.05顯著水準的F值為6.945，0.01顯著水準的F值為18.001；$n_1 = 4$、$n_2 = 2$時，0.05顯著水準的F值為19.248，0.01顯著水準的F值為99.245（這裡n_1為較大均方之自由度，n_2為較小均方之自由度）。

問：(1)各地區生活費用指數有無顯著差異？

(2)各人調查結果有無顯著差異？

〔解〕為方便計算，將各數值減去270，則：

	臺北市	臺南市	臺中市	$\sum_j x,j$
甲	0	-7	-6	-13
乙	10	-5	4	9
丙	5	14	8	27
$\sum_i x_{ij}$	15	2	6	23
$\sum x^2$	125	270	116	511

SSC（市間之變異為）$=\dfrac{15^2+2^2+6^2}{3}-\dfrac{(23)^2}{9}$

$\qquad\qquad\qquad\quad=\dfrac{225+4+36}{3}-58.77$

$\qquad\qquad\qquad\quad=29.56$

SSR（調查員間之變異）$=\dfrac{(-13)^2+9^2+27^2}{3}-\dfrac{23^2}{9}$

$\qquad\qquad\qquad\qquad\quad=267.56$

SST（總變異）$=\displaystyle\sum_{i=1}^{r}\sum_{j=1}^{c}x_{ij}{}^2-\dfrac{1}{rc}T..^2$

$\qquad\qquad\quad=511-\dfrac{23^2}{9}$

$\qquad\qquad\quad=452.23$

SSE（誤差）$=452.23-29.56-267.56=155.11$

做變異數分析如下：

變異來源	自由度	平方和	變異數	F	0.05之 F 值	0.01之 F 值
SSC地區間	2	29.56	14.78	2.624	19.248	99.245
SSR調查員間	2	267.56	133.48	3.450	6.945	18.001
SSE誤差	4	155.11	38.78			
總變異	8	452.23				

2.624<19.248

3.450<6.945

因此：(1)各地區生活費用指數無顯著差異。

　　　(2)各人調查結果無顯著差異。

範 例 2

由甲社區抽取6戶家庭，乙社區抽取5戶家庭，丙社區抽取4戶家庭，調查其全年收入，求得各戶平均每人收入如下：

甲　78, 77, 80, 81, 92, 84
乙　93, 76, 79, 110, 68
丙　81, 74, 78, 89

試以5%顯著水準檢定甲、乙、丙三社區平均每人收入有無顯著差異。

附註：當自由度$n_1 = 2$、$n_2 = 12$時，$F_{0.05} = 3.89$
　　　　$n_1 = 12$、$n_2 = 2$時，$F_{0.05} = 19.41$

〔解〕為方便計算，將各項減去81，則：

x	甲	乙	丙	合　計
	−3	12	0	
	4	−5	−7	
	−1	−2	−3	
	0	29	8	
	11	−13		
	3			
$T_{i.} = \Sigma x_{1.}$	6	21	−2	25
n_i	6	5	4	15
$\bar{x}_{i.}$	1	4.2	−0.5	1.67
$\Sigma x_{i.}^2$	156	1183	122	1461

(1) $SST = \sum_{i=1}^{k} \sum_{j=1}^{ni} x_{ij}^2 - \frac{1}{nk} T..^2$

$= 1461 - \frac{625}{15} = 1419.3$

(2) $SSC = \frac{1}{ni} \sum_{i=1}^{k} T_{i.}^2 - \frac{1}{nk} T..^2$

$= 95.^2 - \frac{625}{15} = 53.6$

(3) $SSE = SST - SSC = 1419.3 - 53.6 = 1365.7$

做變異數分析如下:

變異來源	自由度	平方和	變異數	F	0.05之 F 值
組間變異	2	53.6	26.8	0.24	19.41
組內變異	12	1,365.7	113.81		
總變異	14	1,419.3			

$$0.24 < 19.41$$

所以,三社區平均每人收入無顯著差異。

範例 3

由臺北、臺中、高雄各抽查5戶家庭全年收入,求得各戶每人平均收入如下。試以0.05顯著水準檢定三市每人平均收入有無差異。

臺北　4,500，5,200，5,300，4,000，4,100

臺中　3,800，3,600，3,900，4,200，3,400

高雄　4,300，4,600，5,000，5,200，5,400

附註：當 $n_1 = 2$、$n_2 = 12$ 時，$F_{0.05} = 3.885$

$\quad\quad n_1 = 12$、$n_2 = 2$ 時，$F_{0.05} = 19.44$

〔解〕為方便計算，將各數值減去 4,000，則：

x_{ij}	臺北x_1	臺中x_2	高雄x_3	總值
	500	-200	300	
	1,200	-400	600	
	1,300	-100	1,000	
	0	200	1,200	
	100	-600	1,400	
$T_{i.} = \Sigma x_{1.}$	3,100	-1100	4,500	6,500
$\bar{x}_{i.}$	620	-220	900	443.33
$\Sigma x_{i.}^2$	3,390,000	610,000	4,850,000	8,850,000

(1)
$$SST = \sum_{i=1}^{k} \sum_{j=1}^{ni} x_{ij}^2 - \frac{1}{nk} T_{..}^2$$
$$= 8,850,000 - \frac{(6,500)^2}{15}$$
$$= 8,850,000 - 2,816,667$$
$$= 6,033,333$$
$$SSC = \frac{1}{ni} \sum_{i=1}^{k} T_{i.}^2 - \frac{1}{nk} T_{..}^2$$
$$= \frac{1}{5}[(3,100)^2 + (-1,100)^2 + (4,500)^2] - \frac{(6,500)^2}{15}$$
$$= 6,214,000 - 2,816,669$$

$$=3,397,333$$
$$SSE=SST-SSC=6,033,333-3,397,333$$
$$=2,636,000$$

變異數分析（ANOVA）如下：

變異來源	自由度	平方和	變異數	F
組間變異	2	3,397,333	1,698,667	
組內變異	12	2,636,000	218,833	7.76
總變異	14	6,033,333		

由於組間變異數大、組內變異數小，所以$n_1 = 2$、$n_2 = 12$而$F_{0.05} = 3.885$，7.76>3.885。因此，三市每人平均收入有顯著差異。

範例 4

和協公司欲研究「電視廣告」、「直接銷售」及「購物臺銷售」三種促銷活動對銷售量之影響，乃擇定15個類似的銷售區，以隨機分派方式編為三組，每組5區，分別執行上述三種促銷活動一個月，其營業收入為：

電視廣告A	直接銷售B	購物臺C
32	39	46
30	35	41
32	34	44
34	36	41
32	36	43

假設此資料適合「變異數分析」，試：(1)以 $\alpha = 0.05$ 檢定促銷活動是否影響營業收入？(2)求算共同變異數 σ^2 之95%信賴區間；(3)求算C、A二種促銷活動之平均營業收入差額 $\mu_3 - \mu_1$ 的95%信賴區間；(4)求算B促銷活動之平均營業收入 μ_2 的95%信賴區間。

〔解〕三個樣本平均數為：

$$\overline{X_1} = \frac{32 + 30 + 32 + 34 + 32}{5} = 32$$

$$\overline{X_2} = \frac{39 + 35 + 34 + 36 + 36}{5} = 36$$

$$\overline{X_3} = \frac{46 + 41 + 44 + 41 + 43}{5} = 43$$

$$\overline{X_n} = \frac{32 + 36 + 43}{3} = 37$$

$$SSC = n\sum_{i=1}^{k} (\overline{X_i} - \overline{X..})^2 = 5[(32-37)^2 + (36-37)^2 + (43-37)^2]$$
$$= 310$$

$$SST = \sum_{i=1}^{k} \sum_{j=1}^{n} (X_{ij} - \overline{X..})^2 = (32-37)^2 + (30-37)^2 + \cdots\cdots + (43-37)^2$$
$$= 350$$

$$SSE = SST - SSR = 350 - 310 = 40$$

(1) $\begin{cases} H_0 : \mu_1 = \mu_2 = \mu_3 = \mu \\ H_1 : \mu_i \text{ 不全等} \end{cases}$

變異來源	SS	df	MS	F
促銷活動	SSR=310	2	155	$\frac{155}{3.33} = 46.55$
誤差	SSE= 40	12	3.33	
總和	SST=350	14		

$\alpha = 0.05$：$n_1 = 2$、$n_2 = 12$，臨界值$F_{(0.95; 2.12)} = 4.74 < 46.55$，差異顯著，故拒絕$H_0$，表示促銷活動不同，可能會影響營業收入。

(2)共同變異數σ^2之95%信賴區間為：（自由度=12）

查卡方分配表$\chi^2_{(0.025,12)} = 4.4$

$\chi^2_{(0.975,12)} = 23.34$

$\dfrac{40}{23.34} \le \sigma^2 \le \dfrac{40}{4.4}$

$\therefore\ 1.713 \le \sigma^2 \le 9.09$

(3)C、A二種促銷活動之平均營業收入差額μ_3、μ_1的95%信賴區間為：$t_{(0.975,12)} = 2.179$

$$(43-32)-2.179\sqrt{\frac{40}{12}}\sqrt{\frac{1}{5}+\frac{1}{5}} \le \mu_3-\mu_1 \le (43-32)$$
$$+2.179\sqrt{\frac{40}{12}}\sqrt{\frac{1}{5}+\frac{1}{5}}$$
$$11-2.179(1.155) \le \mu_3-\mu_1 \le 11+2.179(1.155)$$
$$8.483 \le \mu_3-\mu_1 \le 13.517$$

(4)B促銷活動之平均營業收入μ_2的95%信賴區間：

$$36-2.179\sqrt{\frac{40/12}{5}} \le \mu_2 \le 36+2.179\sqrt{\frac{40/12}{5}}$$
$$36-1.779 \le \mu_2 \le 36+1.779$$
$$34.221 \le \mu_2 \le 37.779$$

市場研究員為探討廠商廣告費X對銷售額Y之影響方向及數量上如何影響，乃建立「迴歸模型」：

$$Y = \beta_0 + \beta_1 X + \varepsilon$$

ε 為誤差項。請答下列各題：

(1)隨機抽取12家廠商，得 $\sum X^2 = 626$，$\sum Y^2 = 100,517$，$\sum XY = 7,653$，$\overline{X} = 6.833$，$\overline{Y} = 90.75$，試配合迴歸方程 $\hat{Y} = b_0 + b_1 X$ 。

(2)以 $\alpha = 0.05$ 檢定「廠商廣告費增加，銷售額亦增加」之假設。

(3)以 $\alpha = 0.05$ 檢定迴歸模型是否與橫軸平行？

(4)求算 $\sigma^2(Y|X)$ 之95%的信賴區間。

(5)以 $\alpha = 0.05$ 檢定迴歸係數 β_1 是否大於3？

(6)以 $\alpha = 0.05$ 檢定相關係數 ρ 是否大於0.6？

〔解〕

(1)已知 $\sum X^2 = 626$，$\sum Y^2 = 100,517$，$\sum XY = 7,653$，$\overline{X} = 6.833$，$\overline{Y} = 90.75$，故 b_1 及 b_0 分別為：

$$b_1 = \frac{7,653 - 12(6.833)(90.75)}{626 - 12(6.833)^2} = 3.221$$

$$b_0 = 90.75 - 3.221(6.833) = 68.741$$

即 $\hat{Y} = 68.741 + 3.221X$

(2) $\begin{cases} H_0 : \rho \le 0 \\ H_1 : \rho > 0 \end{cases}$

$$\gamma = \frac{7,653 - 12(6.833)(90.75)}{\sqrt{[626 - 12(6.833)^2][100,517 - 12(90.75)^2]}}$$
$$= 0.635$$

$\alpha = 0.05$，$\upsilon = 12 - 2 = 10$，$t_{(0.95,10)} = 1.812 < 2.599$，差異顯著，故拒絕$H_0$，表示$X$與$Y$有關，即接受「廠商廣告費增加，銷售額亦增加」之假設。

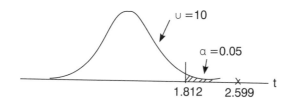

(3) $\begin{cases} H_0 : 模型與橫軸平行 （\beta_1 = 0） \\ H_1 : 模型不與橫軸平行 （\beta_1 \ne 0） \end{cases}$

$$\Sigma(X - \overline{X})^2 = \Sigma X^2 - n\overline{X}^2 = 626 - 12(6.833)^2 = 65.721$$

$$MSE = \frac{100,517 - 68.741(90.75)(12) - 3.221(7,653)}{12 - 2}$$
$$= 100.774$$

$$t = \frac{3.221 - 0}{\sqrt{100.774/65.721}} = 2.601$$

$\upsilon = 12 - 2 = 0$，$\alpha = 0.05$，$t_{(0.975,10)} = 2.228 < 2.601$，差異顯著，拒絕$H_0$，表示$\beta_1 = 0$，即迴歸模型可能不與橫軸平行。

(4) 已知$MSE = 100.774$，故$\sigma^2 (Y|X)$之95%的信賴區間為：

$$\frac{(12-2)100.774}{20.48} \le \sigma^2(Y|X) \le \frac{(12-2)100.774}{3.25}$$
$$\therefore 49.206 \le \sigma^2(Y|X) \le 310.074$$

(5) $\begin{cases} \mathrm{H}_0 : \beta_1 \le 3 \\ \mathrm{H}_1 : \beta_1 > 3 \end{cases}$

$$t = \frac{3.221 - 3}{\sqrt{100.774/65.721}} = 0.178$$

$\alpha = 0.05$，$\upsilon = 12 - 2 = 10$，$t_{(0.95,10)} = 1.812 > 0.178$，差異不顯著，接受$\mathrm{H}_0$，表示迴歸係數$\beta_1$可能不大於3。

(6) $\begin{cases} \mathrm{H}_0 : \rho \le 0.6 \\ \mathrm{H}_1 : \rho > 0.6 \end{cases}$

$\gamma = 0.635 \longrightarrow Z\gamma = 0.750$

$\rho = 0.6 \longrightarrow Z\rho = 0.693$

$$Z = \frac{0.750 - 0.693}{\sqrt{\dfrac{1}{12-3}}} = 0.171 < Z_{(0.95)} = 1.645$$

差異不顯著，故接受H_0，表示相關係數可能不大於0.6。

〔本範例摘自：顏月珠著，《統計學》，三民書局·1989年8月初版，pp.357-359〕

第八章

分析層級程序法的應用

CHAPTER 8

1 分析層級程序法之理論

一 簡介

「分析層級程序法」（Analytic Hierarchy Process, AHP）係Thomas L. Saaty於1971年，為美國國防部擔任規劃問題的工作時所創用；隨後於1972年，為美國國家科學基金會進行按產業對國家福利的貢獻度以決定電力配額之研究；1973年，更為蘇丹主持該國運輸系統之專案研究，使得「分析層級程序法」漸漸茁壯而趨於成熟。

「分析層級程序法」最大的功用，在使錯綜複雜的系統，削減簡明的要素層級結構系統，然後以比率尺度（Ratio Scale）彙集專家的評估意見。專家對要素間之配對比較意見[1]，經由比率尺度予以量化後，得出「配對比較矩陣」（Pairwise Comparison Matrix），求出「特徵向量」（Eigen Vector），代表層層中某一層次因各因素間之優先程度（Priority）；求出特徵向量後，再求出「特徵值」（Eigen Value），以該特徵值評定每個配對比較矩陣之一致性強弱程度，作為取捨或再評估決策之資訊[2]。

---

[1] Thomas L. Saaty: "*Analytic Hierarchy Process*", Prefare, Wiley, N. Y., 1980, pp. 223～225.。

[2] 同註1，p.21。

「層級」（Hierarchy）由二個以上之層次（Level）所構成。「AHP法」對每個層次之所有因素計算其「優先程度」（Priority），再將每個層次連結起來，便可算出最低層次中各因素對整個層級之優先程度。此優先程度，即為本研究之重心。

二　分析層級程序法之理論探討

分析層級程序法之運作，可劃分成七大步驟：

1.定義問題並提出解答。

2.建立「層級」（Hierarchy）。建立層級之方法，乃由最高層次之一般性目標層次著手，然後相繼為次目標層次、判斷標準層次等，一直到最低層次即各行動方案。也就是說，由整體目標層次開始，繼由相關之中間層次，一直到有一個層次能夠控制或解決問題為止。

3.建立「配對比較矩陣」（Pairwise Comparison Matrix）。每個「配對比較矩陣」代表某一層次各要素對上一層次中特定要素之重要性程度或優先程度。

⑴在決定本層次各要素之相對重要性時，我們先以上一層次之第一要素為比較準則，取出本層次中二個要素互相配對比較。一般我們喜歡用1～9之整數，代表二個要素配對比較之重要性程度。

⑵重複步驟 3.之⑴，共〔n (n−1) /2〕次，以獲得配對比較矩陣之所有評估值，共〔n (n−1) /2〕個。

⑶在配對比較矩陣主對角線之右下角部分填上倒數值。比較 i、j 兩個要素時，如果在 i、j 位置上沒有評估 a_{ij}

個，卻發現在 j、i 位置上具有評估值 $a_{j,i}$，則可以將 a_{ji} 之倒數自動分配在 a_{ij} 上，即評估值 a_{ij} 為 a_{ji} 之倒數。

(4)解出配對比較矩陣之特徵值、特徵向量、一致性指標和一致性比率。

4.選擇上一層次第二個要素為比較準則，重複步驟 3.，則又可得到另一個配對比較矩陣。如此一再重複，直到本層次所有 n 個要素皆當過比較準則為止。所以共可得到 n 個配對比較矩陣和 n 個特徵值、n 個特徵向量、n 個一致性指標和 n 個一致性比率。

5.對層級中所有層次重複 3.、4.二個步驟。

6.尋求各層次之「合成優先向量」（Composite Priority Vector）。每一層次 n 個要素各有其重要性權數值，以上一層次 n 個重要性權數值和本層次之特徵向量相乘，隨後做向量加總，即可求出本層次之合成優先向量。這些合成優先向量之權數值又成為重要性程度權數值，用來和下一層次之特徵向量相乘，如此繼續下去，結果可得到最低層次之合成優先向量。

7.衡量整個層級之一致性。每個配對比較矩陣有一個一致性指標，並且由查表可得到一個相對應之常態一致性指標。首先，將本層次 n 個一致性指標和上一層次之合成優先向量相乘可得到 CH_j，將各層次之 CH_j 相加求得 CH。其次，將一致性指標換成常態一致性指標，隨後和上一層次之合成優先向量相乘可得到 $\overline{CH_j}$，將各層次之 $\overline{CH_j}$ 相加即可求得 $\overline{CH}$。最後，將 CH 除以 $\overline{CH}$，若 $CH/\overline{CH} \leq 0.1$，則整個層級之一致性達到可接受水準，否則配對比較評估值之品質應該加以改進。

分析層級程序法的理論為：「將研究的問題系統，按層

級分解，透過評斷，覓得脈絡而綜合[3]。」分析層級程序法的理論結構，可拆成四個關鍵部分：(1)建立層級，(2)建立配對比較矩陣，(3)解出特徵向量和最大特徵值，(4)導出一致性指標和一致性比率。茲逐項介紹如下。

(一)建立層級

層級是AHP法之骨架，可將相關因素結構化，將這些因素歸類至不同層次中；而層級則決定不同層次間之主從關係（Dominance），層級中層次數目之多寡則視研究內容而定，每一層次所包含之因素（Element）不宜太多，一般以7～9個為宜[4]；若超出此數，可將這些因素再分層或組群化（Clustering），並且同一層次之要素最好具有獨立性，若具有相依性則處理上較不易。

(二)建立配對比較矩陣

分析層級程序法係採用比率尺度做配對比較，故建立配對比較矩陣前，需先對比率尺度加以解釋。此一比率尺度，基本上劃分為九個尺度，即：「等強」、「等強至稍強間」、「稍強」、「稍強至頗強間」、「頗強」、「頗強至極強」、「極強」、「極強至絕強間」、「絕強」等九個，此九個尺度分別配合1～9之評估值，如表8-1所示[5]：

---

3 譚德駒著，《分析層級程序在臺灣投入產出分析的可行性研究》，國防財經學報第一期，國防管理學院1982年7月，p.25。
4 同註1，pp.55～57。
5 同註1，p.18。

表8-1　評比強度與比重對照表

名目尺度	等強	等強〜稍強	稍強	稍強〜頗強	頗強	頗強〜極強	極強	極強〜絕強	絕強
評估值	1	2	3	4	5	6	7	8	9

配對比較矩陣之建立程序如下：

1.先將層級中本層次所有元素 e_1, e_2, ……, en 針對上一層次某特定因素做兩配對比較。比較之衡量方式乃採用比率尺度。

2.對 e_1, e_2, ……, en 做配對比較，共需做 $\binom{n}{2}$ 次。這些配對比較評估值，便構成主對角線右上角之評估值，如圖8-1右上角。主對角線評估值均為1，如圖8-1主對角線。將右上角評估值之倒數放入與主對角線對稱之左下角位置上，如圖8-1左下角。依此，即完成配對比較矩陣。配對比較矩陣之建立，一般是彙集學者專家做群體評估，若能取得一致評估值 a_{ij} 最好；若有相異觀點亦允許並存，而採用幾何平均數決定評估值 a_{ij}[6]。

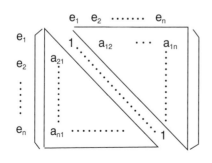

圖8-1　配對比較矩陣

6　同註1，p.61。

配對比較矩陣具有二個特性：(1)為正倒值矩陣；(2)如果所有矩陣之評估值非常完美，則矩陣具有一致性[7]。茲敘述如後。

1. 正倒值矩陣之特質

以 e_1, e_2, ……, e_n 代表本層次之幾個因素 w_1, w_2, ……, w_n，以代表本層次 i 個因素對上一層次某因素 d_j 之重要性程度權數（Priority），以 $a_{ij} = \dfrac{w_i}{w_i}$ 代表 e_1 與 e_1 配對比較之評估值，則 $a_{ji} = \dfrac{1}{a_{ij}}$，$a_{ij} = 1$ 時，矩陣 A 為正倒值矩陣（Positve Reciprocal Matrix）。

$$
A = \begin{pmatrix} 1 & a_{12} & \cdots & a_{1n} \\ a_{21} & 1 & \cdots & a_{2n} \\ \cdots & \cdots & & \cdots \\ a_{n1} & a_{n2} & \cdots & 1 \end{pmatrix} = \begin{pmatrix} 1 & a_{12} & \cdots & a_{1n} \\ \dfrac{1}{a_{12}} & 1 & \cdots & a_{2n} \\ \cdots & \cdots & & \\ \dfrac{1}{a_{1n}} & \dfrac{1}{a_{2n}} & \cdots & 1 \end{pmatrix} = \begin{pmatrix} w_1/w_1 & w_1/w_2 & \cdots & w_1/w_n \\ w_2/w_1 & w_2/w_2 & \cdots & w_2/w_n \\ \vdots & \vdots & & \vdots \\ w_n/w_1 & w_n/w_2 & \cdots & w_n/w_n \end{pmatrix}
$$

2. 一致性矩陣之特性

若所有配對比較評估值合於「遞移律」（Transitivty），即 $a_{ik} = a_{ij} \cdot a_{jk}$，則矩陣 A 為一致性矩陣。

7 同註1，p.50～51。

(三)**解出特徵向量與最大特徵值**

1. 求解特徵向量

$$
令\ A = \begin{pmatrix} a_{11} & a_{12} & \cdots & a_{1n} \\ a_{21} & a_{22} & \cdots & a_{2n} \\ \vdots & \vdots & & \vdots \\ a_{n1} & a_{n2} & \cdots & a_{nn} \end{pmatrix} \quad X = \begin{pmatrix} x_1 \\ x_2 \\ \vdots \\ x_n \end{pmatrix} \quad Y = \begin{pmatrix} y_1 \\ y_2 \\ \vdots \\ y_n \end{pmatrix}
$$

令 $AX = Y \Rightarrow (\sum_{j=1}^{n} a_{ij})(x_j) = y_i$，$i = 1, 2, \cdots\cdots, n$

因為 $(a_{ij})(w_j / w_i) = 1$

$$
\Rightarrow \sum_{j=1}^{n}(a_{ij})(\frac{w_j}{w_i}) = n \ , \ i = 1, 2, 3, \cdots n
$$

$$
\Rightarrow \sum_{j=1}^{n}(a_{ij})(w_j) = nw_i
$$

$$
\Rightarrow Aw = nW \ , \ W = \begin{pmatrix} w_1 \\ w_2 \\ \vdots \\ w_n \end{pmatrix}
$$

　　當矩陣 A 為一致性矩陣時（特徵值為 n），此向量 W 便是矩陣 A 之特徵向量（Eigen Vector）。但 AHP 法在實際進行配對比較時，評估值 a_{ij} 往往憑主觀判斷而得，與理想值 w_i/w_j 多少會有差距，因此 $Aw = nW$ 不再成立。關於此一情形，AHP 法提出下述二點說明：

　　第一，若 $\lambda_1, \lambda_2, \cdots\cdots, \lambda n$ 為矩陣 A 之特徵值，使 $Aw = \lambda w$ 並且若 $a_{ij} = 1$，$i = 1, 2, \cdots\cdots, n$，則 $\sum_{i=1}^{n} \lambda 1 = n$。若 $Aw = nW$ 成立，則只有一個特徵值為 n，其餘的特徵值為0，所以在一致

性矩陣情況下，配對比較矩陣A之最大特徵值為 n，即 $\lambda max = n$。

第二，若將正倒值矩陣A中之 a_{ij} 做微量變動，則其特徵值亦會微量變動。

綜合上述二點說明可知，若 $a_{ii} = 1$ 且矩陣A為一致性矩陣，則 a_{ij} 的少量變動仍使 λmax 趨近於 n，其餘之特徵值趨近於0。

若矩陣 A 為配對比較矩陣，在實際運算時，為尋求特徵向量 W，使 $Aw = \lambda max\ W$，$[A - \lambda I]\ W = 0$，可利用常化解（Normalized Solution）之方式求出。亦即將矩陣A的k次方乘冪極限矩陣做行的常化，再做橫列的加總而得，以數學式表示為：令 $\alpha = \sum_{i=1}^{n} w_1$，$W'\ \dfrac{1}{\alpha} = W$ 代入原來之W矩陣，則 $\sum_{i=1}^{n} W_1' = 1$，此時相對於 λmax 之特徵向量可由下式求得

$$\lim_{k \to \infty} \frac{A^k e}{e' A^k e} = Cw \ , \ e = \begin{pmatrix} 1 \\ 1 \\ \vdots \\ 1 \end{pmatrix} \ , \ C為常數[8]$$

上述優先向量可以利用計算機求出精確的數值。但在不求絕對精確之場合，亦可用下列四種方法求得其近似解。以下依照四種方法之精確順序，由較不精確到精確，分別加以介紹[9]。

[8]　Thomas L. Saaty, "The Logic of Priorities", Kluwer Nijhoff Publishing, p.38.
[9]　同註1，p.19。

〔方法1〕

又稱為「NRA 法」（Normalization of Row Average），乃是將各列元素加總，而後再予以常化即得。以數學式表示為：

$$W_i = \frac{\displaystyle\sum_{j=1}^{n} a_{ij}}{\displaystyle\sum_{i=1}^{n}\sum_{i=j}^{n} a_{ij}} \qquad i = 1, 2, 3, \cdots\cdots, n$$

$$A = \begin{pmatrix} 1 & 3 & 1 \\ \dfrac{1}{3} & 1 & \dfrac{1}{3} \\ 1 & 3 & 1 \end{pmatrix} \begin{array}{l} 1+3+1=5 \\ \dfrac{1}{3}+1+\dfrac{1}{3}=1.667 \\ 1+3+1=5 \end{array} \qquad \begin{array}{l} W_1 = \dfrac{5}{11.667} = 0.4286 \\[2mm] W_2 = \dfrac{1.667}{11.667} = 0.1428 \\[2mm] W_3 = \dfrac{5}{11.667} = 0.4286 \end{array}$$

〔方法2〕

乃是將配對比較矩陣各行予以加總，再化為倒數，然後把各倒數予以常化，即為特徵向量。以數學式表示為：

$$W_j = \frac{\dfrac{1}{\displaystyle\sum_{i=1}^{n} a_{ij}}}{\displaystyle\sum_{j=1}^{n}\left(\dfrac{1}{\displaystyle\sum_{i=1}^{n} a_{ij}}\right)} \qquad , j = 1, 2, \cdots\cdots, n$$

茲舉一例說明如下：

$$A = \begin{pmatrix} 1 & 3 & 1 \\ \dfrac{1}{3} & 1 & \dfrac{1}{3} \\ 1 & 2 & 1 \end{pmatrix} \quad \begin{array}{l} 1 + \dfrac{1}{3} + 1 = 2.667 \\ 3 + 1 + 3 = 7 \\ 1 + \dfrac{1}{3} + 1 = 2.667 \end{array}$$

$$\dfrac{1}{2.667} = 0.375 \qquad\qquad \dfrac{0.375}{0.893} = 0.42$$

$$\dfrac{1}{7} = 0.143 \qquad\qquad\quad \dfrac{0.143}{0.893} = 0.16$$

$$\dfrac{1}{2.667} = \dfrac{0.375}{0.893} \qquad\quad \dfrac{0.375}{0.893} = 0.42$$

〔方法3〕

又稱為「ANC法」（Average of Normalized Columns），乃是將配對比較矩陣之各行予以常用，再將各列元素加總，接著除以矩陣階數（即 n），其結果便為特徵向量。以數學式表示為：

$$a_{ij'} = \frac{a_{ij}}{\sum\limits_{i=1}^{n} a_{ij}} \quad i,\, j = 1,\, 2,\, \cdots\cdots,\, n$$

$$W_i = \frac{\sum\limits_{j=1}^{n} a_{ij'}}{n} \quad i = 1,\, 2,\, \cdots\cdots,\, n$$

茲舉一例說明如下：

$$A = \begin{pmatrix} 1 & 3 & 1 \\ \dfrac{1}{3} & 1 & \dfrac{1}{3} \\ 1 & 3 & 1 \end{pmatrix} \qquad A' = \begin{pmatrix} 0.429 & 0.429 & 0.429 \\ 0.142 & 0.142 & 0.142 \\ 0.429 & 0.429 & 0.429 \end{pmatrix}$$

$$W_1 = \frac{0.429 + 0.429 + 0.429}{2} = 0.429$$

$$W_2 = \frac{0.142 + 0.142 + 0.142}{3} = 0.142$$

$$W_3 = \frac{0.429 + 0.429 + 0.429}{3} = 0.429$$

〔方法4〕

又稱為「NGM法」（Normalization of The Geometrtc Mean of The Rows），乃是將矩陣中各列的元素相乘，再求其幾何平均數，然後予以常化，即得特徵向量。以數學式表示為：

$$W_i = \frac{(\prod\limits_{j=1}^{n} a_{ij})^{\frac{1}{n}}}{\sum\limits_{i=1}^{n} [(\prod\limits_{i=1}^{n} a_{ij})^{\frac{1}{n}}]} \qquad i = 1, 2, \cdots\cdots, n$$

茲舉一例說明如下：

$$A = \begin{pmatrix} 1 & 3 & 1 \\ \frac{1}{3} & 1 & \frac{1}{3} \\ 1 & 3 & 1 \end{pmatrix} \quad \begin{array}{l} \sqrt[3]{1 \times 3 \times 1} = 1.442 \\[2mm] \sqrt[3]{\frac{1}{3} \times 3 \times \frac{1}{3}} = 0.481 \\[2mm] \sqrt[3]{1 \times 3 \times 1} = \dfrac{1.442}{3.365} \end{array} \quad \begin{array}{l} \dfrac{1.442}{3.665} = 0.429 \\[2mm] \dfrac{0.481}{3.665} = 0.142 \\[2mm] \dfrac{1.442}{3.665} = 0.429 \end{array}$$

　　如果矩陣 A 是一致性矩陣，則上述四種方法得到之結果均相等；若不是一致性矩陣，則會有微小差異[10]。

---

10 同註1，pp.20～21。

2.求解最大特徵值

最大特徵值 λmax 在理論上可利用 Perren Frobenius 定理求得[11]。

由於 $Aw = \lambda maxW$

$$
\begin{aligned}
\text{則}\quad \lambda max &= \max_{x \geq 0} \ \min_{1 \leq i \leq n} \ \frac{(AX)^i}{X_i} \\
&= \min_{x \geq 0} \ \max_{1 \leq i \leq n} \ \frac{(AX)^i}{X_i}, \ X \geq 0 \\
&= \lim_{k \to \infty} \left[\ \text{trace}(A^k)\ \right]^{\ k} \\
&= \max_{u > 0} \ \min_{i} \ \frac{\sum\limits_{j=1}^{n} a_{ij}u_j}{u_i} \\
&= \min_{u > 0} \ \max_{j} \ \frac{\sum\limits_{j=1}^{n} a_{ij}u_j}{u_j} \\
&= \max_{u > 0} \ \min_{} \ \frac{\sum\limits_{i=1}^{n} a_{ij}u_j}{u_j} \\
&= \min_{u > 0} \ \min_{j} \ \frac{\sum\limits_{i=1}^{n} a_{ij}u_j}{u_j}
\end{aligned}
$$

在實務上，若不要求得很精確之狀況下，可用下述方法求得最大特徵值 λmax：首先，將配對比較矩陣 A，乘以已求得之特徵向量 W，得到一新向量 W'；再以 Σ 中的每一元素除以 W 的對應元素；最後，將所得之數值取其算術平均數，即為 λmax。以數學式表示為：

[11] 同註1，p.40。

$$A = \begin{pmatrix} 1 & a_{12} & \cdots & a_{1n} \\ \dfrac{1}{a_{12}} & 1 & \cdots & a_{2n} \\ \vdots & \vdots & & \vdots \\ \dfrac{1}{a_{1n}} & \dfrac{1}{a_{2n}} & \cdots & 1 \end{pmatrix} \qquad W = \begin{pmatrix} W_1 \\ W_2 \\ \vdots \\ W_n \end{pmatrix} \qquad W' = \begin{pmatrix} W_1' \\ W_2' \\ \vdots \\ W_n' \end{pmatrix} \qquad AW = W'$$

$$\lambda max = \frac{1}{n}\left(\frac{W_1'}{W_1} + \frac{W_2'}{W_2} + \cdots\cdots + \frac{W_n'}{W_n} \right)$$

茲舉一例說明如下：

$$A = \begin{pmatrix} 1 & 5 & 6 & 7 \\ \dfrac{1}{5} & 1 & 4 & 6 \\ \dfrac{1}{6} & \dfrac{1}{4} & 1 & 4 \\ \dfrac{1}{7} & \dfrac{1}{6} & \dfrac{1}{4} & 1 \end{pmatrix}, \quad 且特徵向量為 \begin{pmatrix} 0.61 \\ 0.24 \\ 0.10 \\ 0.05 \end{pmatrix}$$

則特徵 λmax 為：

$$\begin{pmatrix} 1 & 5 & 6 & 7 \\ \dfrac{1}{5} & 1 & 4 & 6 \\ \dfrac{1}{6} & \dfrac{1}{4} & 1 & 4 \\ \dfrac{1}{7} & \dfrac{1}{6} & \dfrac{1}{4} & 1 \end{pmatrix} \cdot \begin{pmatrix} 0.61 \\ 0.24 \\ 0.10 \\ 0.05 \end{pmatrix} = \begin{pmatrix} 2.85 \\ 1.11 \\ 0.47 \\ 0.20 \end{pmatrix}$$

$$\therefore \lambda max = \frac{1}{4}\left[\frac{2.85}{0.61} + \frac{1.11}{0.24} + \frac{0.47}{0.10} + \frac{0.20}{0.04} \right] = 4.39$$

(四)求得一致性指標（CI）及一致性比率（CR）

1.一致性指標（Consistence Index）

由於 a_{ij} 做微量變動，會使 λmax 亦隨之微量變動，因此 λmax 與 n 二者之差異程度，可作為判斷一致性高低的評量準則[12]。

令$C = \dfrac{\lambda max - n}{n - 1}$ ，當 CI ≤ 0.1 時，一致性程度視為滿意。

2.一致性比率（Consistence Ratio）

由隨機產生的正倒值矩陣，其一致性指標稱為隨機指標 RI。RI 值隨著矩陣階數之增加而增加，表8-2列出階數 n 及其相對應之隨機指標 RI[13]。

RI 值表中，1～11 階之對應 RI 值係以五百個樣本求得；12～15 階之對應 RI 值係以一百個樣本求得。一致性比率為 $CR = \dfrac{CI}{RI}$ ，若 CR ≤ 0.1，則一致性達到可接受水準。

表8-2　RI值表

N	1	2	3	4	5	6	7	8	9	10	11	12	13	14	15
RI	0	0	0.58	0.90	1.12	1.24	1.32	1.41	1.45	1.49	1.51	1.48	1.56	1.57	1.59

3.整個層級之一致性指標CH及一致性比率CRH

上面討論之一致性指標是針對單一配對比較矩陣之一致性程度而言，而就整個層級觀點亦要求其具有一致性。層級

12　同註8，pp.17～21。
13　同註1，p.21。

之一致性指標 CH 可由下式表示[14]：

$$CH = \sum_{j=1}^{h} \sum_{i=1}^{nij} W_{ij} U_{i,j+1} \quad 當 J = 1 時，W_{ij} = 1$$

n_j，$j = 1, 2, \cdots\cdots, h$ 表示第 j 層所包含之要素數目。

W_{ij}　表示第 j 層中第 i 個要素的合成權數值。

$U_{i,j+1}$ 表示第 j+1 層中所有要素對 j 層第 i 要素之一致性指標。

n_{ij}　表示第 j 層中第 i 個要素，而第 j+1 層便是針對此一要素做配對比較評估。

層級之一致性隨機指標 $\overline{CH}$ 可由下式表示，

$$\overline{CH} = \sum_{j=1}^{h} \sum_{i=1}^{nij} W_{i,j} R_{i,j+1}$$

$R_{1,j+1}$ 表示第 j+1 層中所有要素，對第 j 層第 i 要素之一致性隨機指標。

若層級之一致性比率 $CRH = \dfrac{CH}{\overline{CH}} \le 0.1$，則一致性達到可接受水準。

茲舉一例說明如下：

令第二層次之一致性指標為 $U_{1,2} = 0.095$

第二層次特徵向量為：

$$W_{i2} = (0.22 \quad 0.19 \quad 0.03 \quad 0.07 \quad 0.13 \quad 0.36)$$

---

[14] 同註1，pp.83～84。

第三層次之一致性指標向量為：

$$U_{i,3} = (0.091 \quad 0.148 \quad 0,185 \quad 0.059 \quad 0.104 \quad 0.104)$$

$$\therefore W_{i1} = 1$$

$$\therefore \overline{CH} = 1 \times 0.095 + (0.22 \quad 0.19 \quad 0.03 \quad 0.07 \quad 0.13 \quad 0.36) \begin{pmatrix} 0.091 \\ 0.148 \\ 0.185 \\ 0.059 \\ 0.104 \\ 0.104 \end{pmatrix}$$

$$= 0.185$$

以隨機求得 CH 為：

$$\overline{CH} = 1 \times 1.24 + (0.22 \quad 0.19 \quad 0.03 \quad 0.07 \quad 0.13 \quad 0.36) \begin{pmatrix} 0.58 \\ 0.58 \\ 0.58 \\ 0.58 \\ 0.58 \\ 0.58 \end{pmatrix}$$

$$= 1.82$$

$$\therefore CHR = \frac{CH}{\overline{CH}} = 0.1 \leq 0.1$$

$\therefore$ 整個層級之一致性程度視為可接受

2 實例研討（一）：臺灣茶葉產業之未來發展方向

一 建立層級與設計問卷

經過數次訪問九位專家後，建立之層級如圖8-1，並據此層級設計專家問卷。

一般而言，一層次有個要素時，需比較〔n(n-1)/2〕個判斷值，以做成配對比較矩陣。當要素數目 n 增多時，判斷工作變數很耗費時間和精神。針對此一問題，Saaty 建立一個法則，只需 n-1 次判斷，即可建立配對比較矩陣[15]。其步驟如下：

首先，將 n 個要素依序加以編號，並隨機取出二個號碼 a、b，用 a、b 二個要素做配對比較。

第二，從 a、b 中隨機選出一號，假設為 a；再從 a、b 之外的號碼中隨機選出一號，假設為 c。用 a、c 二個要素做配對比較。

第三，從 a、b、c 中隨機選出一號，假設為 c；再從 a、b、c 之外的號碼中選，假設為 d。用 c、d 二個要素做配對比較。

---

[15] 同註8，pp.276-277。

如此繼續，直到所有要素都加以比較為止。問卷共計發出二十六份，全數收回，其內容分成五大部分。

・第一部分

為臺灣茶葉產業未來發展之主要市場，並評估各市場之重要性程度。以地理及消費習慣為基準，劃分為四大市場：(1)國內市場，(2)日本市場，(3)歐美市場，(4)其他地區（北非中東）。

・第二部分

確認發展時可能遭遇到之難題，並評估各難題之重要程度。在發展可能遭遇之難題有七：

1. 資金融通困難，無力發展。
2. 茶園生產規模小。
3. 國內同業惡性競爭。
4. 國外競爭對手強勁。
5. 茶菁採購困難，價格不穩。
6. 設備不足，技術落後。
7. 員工流動率高。

・第三部分

確認影響茶葉產業的各個策動者，並評估各策動者於解決難題時之重要性程度。茲將主要策動者區分為四：

1. 業者：包括茶農、契作茶農、粗精製茶廠等業者。
2. 學者：如大專農藝系及民間訓練單位。
3. 推廣單位：包括技術、銷售之推廣單位，如各級農會、茶葉工業公會。
4. 政府決策單位：包含政府之主管機關、輔導機構等。

・第四部分

確認各策動者採取之因應政策，並評估各政策之重要性程度。本部分係應用集群（Clustring）技術，把第五部分各行動方案歸納為三種政策性方向而形成。各策動者可採取之政策性方向有三，分述如下：

1.提高農業階段生產力：亦即由栽種茶樹，採收茶葉為止之農務工作。

2.提高工業階段生產力：亦即提高粗製、精製茶葉之工業生產力。

3.提高商業階段生產力：包括茶葉之運銷、市場開拓等商業性活動之生產提高。

・第五部分

確認達成政策性結果之各行動方案，並評估其重要性程度。茲針對農、工、商三政策分別說明其行動方案。

1.提高農業階段生產力之主要行動方案有五：

⑴改善契作方式。

⑵培養農務人才。

⑶輔導適地適作。

⑷引進優良品種。

⑸扶植大規模茶農。

2.提高工業階段生產力之主要行動方案五：

⑴培養技術及管理人才。

⑵獎勵投資。

⑶發展製茶技術。

⑷輔導既有小廠內部成長。

⑸鼓勵茶廠合併。

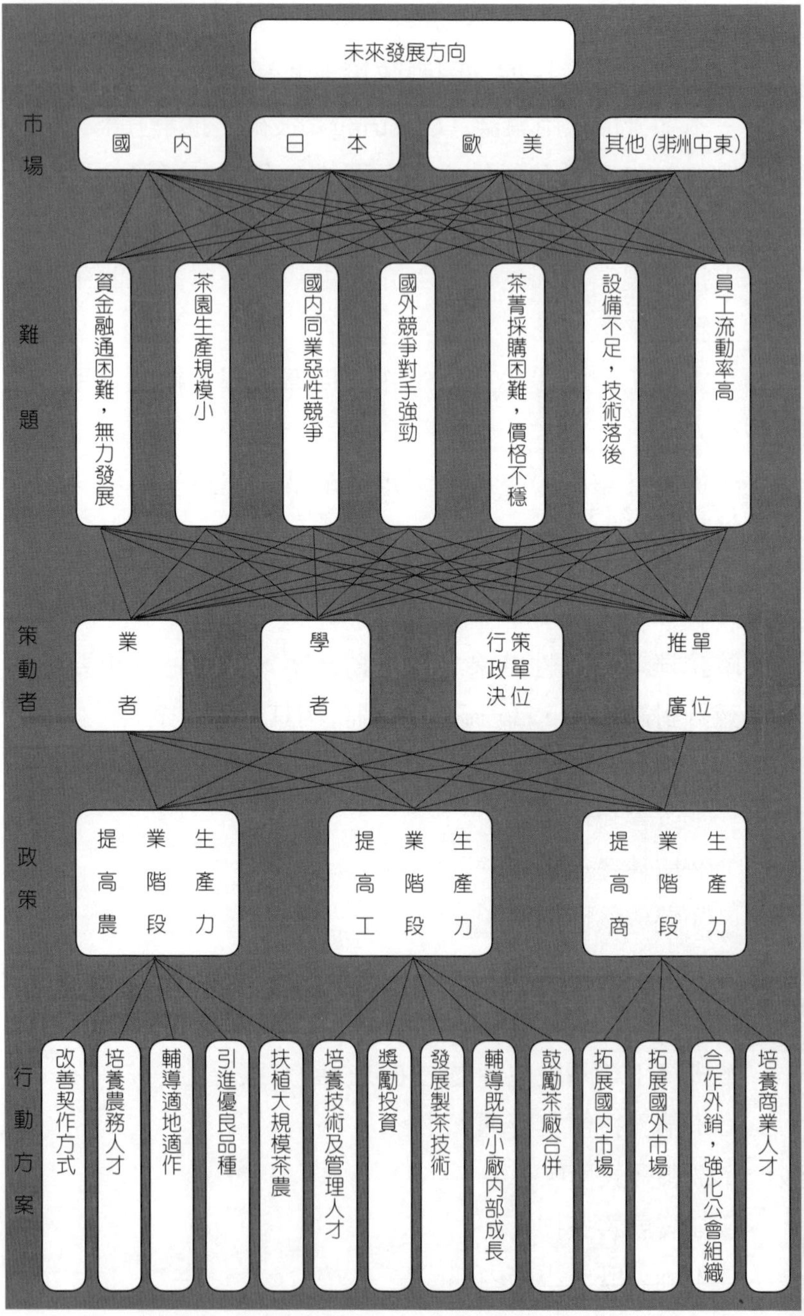

圖8-2　臺灣茶葉未來發展方向之後向規劃層級

3.提高商業階段生產力之主要行動方案：

　(1)拓展國內市場。

　(2)拓展國外市場。

　(3)合作外銷，強化公會組織。

　(4)培養商業人才。

二　問卷結果之分析

　　經收回專家問卷後，擷取專家評估結果之幾何平均數，建立下面配對比較矩陣。

· 第一部分：期望我國茶葉之未來發展方向

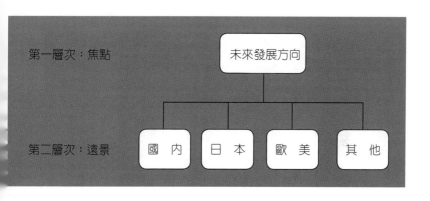

　　第一部分之配對比較矩陣、特徵向量、最大特徵值、一致性指標和一致性比率如下：

$$\begin{array}{cccc} \quad A & \quad B & \quad C & \quad D \end{array}$$

$$\begin{pmatrix} 1 & 4.2129 & 1.4746 & 4.2295 \\ 0.2374 & 2 & 0.4472 & 0.9934 \\ 0.6781 & 2.2361 & 1 & 1.55 \\ 0.2364 & 1.0067 & 0.6422 & 1 \end{pmatrix}$$

$$W = \begin{pmatrix} 0.4975 \\ 0.122 \\ 0.249 \\ 0.1315 \end{pmatrix} \quad \begin{array}{l} \lambda max = 4.0384 \\ CI = 0.0128 \\ CR = 0.0142 \end{array}$$

　　第一部分之合成優先向量，由於第一層次只有一個要素，故已求出之特徵向量（0.4975 0.122 0.249 0.1315）即為第一部分之合成優先向量，代表三個遠景的相對重要性程度。

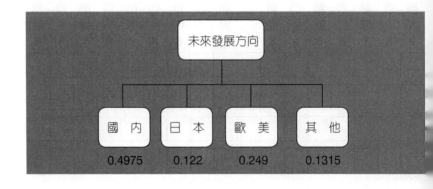

· 第二部分：在發展上可能遭遇之難題

　　1.國內部分之配對比較矩陣、特徵向量、最大特徵值、一致性指標和一致性比率如下：

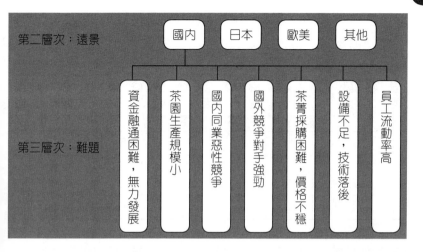

$$
W = \begin{pmatrix} 0.0596 \\ 0.0682 \\ 0.1283 \\ 0.1264 \\ 0.1143 \\ 0.0571 \\ 0.4459 \end{pmatrix}
\begin{array}{l}
\\
\\
\lambda max = 7.5903 \\
CI = 0.098 \\
CR = 0.07
\end{array}
$$

2.日本部分之配對比較矩陣、特徵向量、最大特徵值、一致性指標和一致性比率如下：

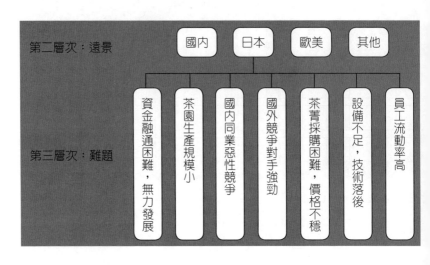

3.歐美部分之配對比較矩陣、特徵向量、最大特徵值、
一致性指標和一致性比率如下：

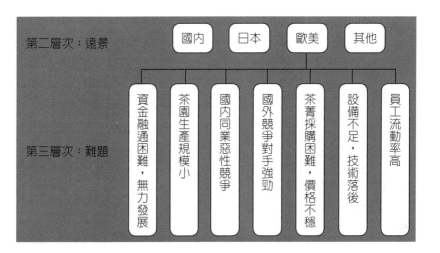

第二層次：遠景　國內　日本　歐美　其他

第三層次：難題　資金融通困難，無力發展　茶園生產規模小　國內同業惡性競爭　國外競爭對手強勁　茶菁採購困難，價格不穩　設備不足，技術落後　員工流動率高

$$
\begin{array}{c|ccccccc}
 & A & B & C & D & E & F & G \\
\hline
A & 1 & 1 & \frac{1}{2} & \frac{1}{2} & \frac{1}{3} & \frac{1}{2} & \frac{1}{5} \\
B & 1 & 1 & 2 & \frac{1}{2} & 1 & 3 & \frac{1}{3} \\
C & 2 & \frac{1}{2} & 1 & 1 & \frac{1}{2} & 2 & \frac{1}{7} \\
D & 2 & 2 & 1 & 1 & \frac{1}{4} & 2 & \frac{1}{5} \\
E & 3 & 1 & 2 & 4 & 1 & 4 & \frac{1}{3} \\
F & 2 & \frac{1}{3} & \frac{1}{2} & \frac{1}{2} & \frac{1}{4} & 1 & \frac{1}{8} \\
G & 5 & 3 & 7 & 5 & 3 & 8 & 1 \\
\end{array}
$$

$$
W = \begin{pmatrix} 0.0554 \\ 0.1097 \\ 0.0832 \\ 0.0964 \\ 0.1801 \\ 0.0518 \\ 0.4234 \end{pmatrix}
\quad
\begin{array}{l}
\lambda max = 7.508 \\
GI = 0.085 \\
CR = 0.064
\end{array}
$$

4.其他地區（北非、中東）部分之配對比較矩陣、特徵
向量、最大特徵值、一致性指標和一致性比率如下：

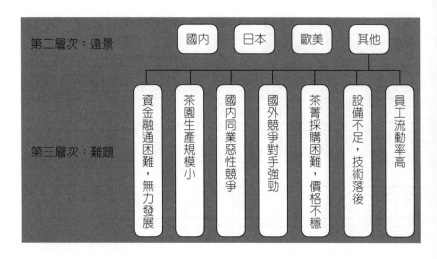

第二層次：遠景　　國內　日本　歐美　其他

第三層次：難題　　資金融通困難，無力發展　茶園生產規模小　國內同業惡性競爭　國外競爭對手強勁　茶菁採購困難，價格不穩　設備不足，技術落後　員工流動率高

	A	B	C	D	E	F	G
A	1	2	1	1	2	$\frac{1}{2}$	$\frac{1}{3}$
B	$\frac{1}{2}$	1	1	1	$\frac{1}{3}$	1	$\frac{1}{2}$
C	1	1	1	1	$\frac{1}{2}$	$\frac{1}{4}$	$\frac{1}{4}$
D	1	1	1	1	1	$\frac{1}{2}$	$\frac{1}{4}$
E	$\frac{1}{2}$	$\frac{1}{3}$	2	1	1	1	$\frac{1}{2}$
F	2	1	4	2	1	1	$\frac{1}{5}$
G	3	2	4	4	2	5	1

$$W = \begin{pmatrix} 0.1197 \\ 0.1219 \\ 0.0774 \\ 0.0934 \\ 0.0982 \\ 0.1499 \\ 0.3386 \end{pmatrix}$$

$\lambda max = 7.6464$
$CI = 0.107$
$CR = 0.082$

5.第二部分之合成優先向量，可由下列矩陣相乘得之：

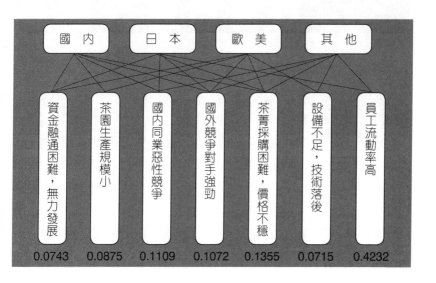

$$
\begin{pmatrix}
.0596 & .040 & .0554 & .1197 \\
.0682 & .0843 & .1097 & .1219 \\
.1283 & .1325 & .0832 & .0774 \\
.1264 & .0652 & .0964 & .0934 \\
.1143 & .1714 & .1801 & .0982 \\
.0571 & .0857 & .0518 & .1499 \\
.4459 & .421 & .4234 & .3386
\end{pmatrix}
\cdot
\begin{pmatrix}
0.4975 \\
0.12 \\
0.249 \\
0.1315
\end{pmatrix}
=
\begin{pmatrix}
0.0743 \\
0.0875 \\
0.1109 \\
0.1072 \\
0.1355 \\
0.0715 \\
0.4232
\end{pmatrix}
$$

國 內	日 本	歐 美	其 他

資金融通困難，無力發展	茶園生產規模小	國內同業惡性競爭	國外競爭對手強勁	茶菁採購困難，價格不穩	設備不足，技術落後	員工流動率高
0.0743	0.0875	0.1109	0.1072	0.1355	0.0715	0.4232

・第三部分；影響茶葉未來發展之主要策動者

1.「資金融通困難，無力發展」部分之配對比較矩陣、特徵向量、最大特徵值、一致性指標和一致性比率如下：

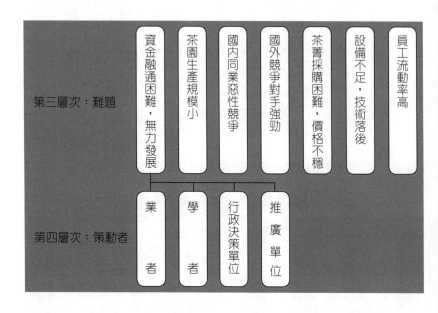

第三層次：難題

資金融通困難，無力發展　茶園生產規模小　國內同業惡性競爭　國外競爭對手強勁　茶菁採購困難，價格不穩　設備不足，技術落後　員工流動率高

第四層次：策動者

業者　學者　行政決策單位　推廣單位

$$\begin{array}{c} \quad A \ B \ C \ D \\ A \begin{pmatrix} 1 & 6 & 2 & 3 \\ \frac{1}{6} & 1 & \frac{1}{5} & \frac{1}{3} \\ \frac{1}{2} & 5 & 1 & 2 \\ \frac{1}{3} & 3 & \frac{1}{2} & 1 \end{pmatrix} \end{array}$$

$$W = \begin{pmatrix} 0.5099 \\ 0.0722 \\ 0.2125 \\ 0.2054 \end{pmatrix}$$

λmax＝4.2034
CI＝0.678
CR＝0.0753

2.「茶園生產規模小」部分之配對比較矩陣、特徵向量、最大特徵值、一致性指標和一致性比率如下：

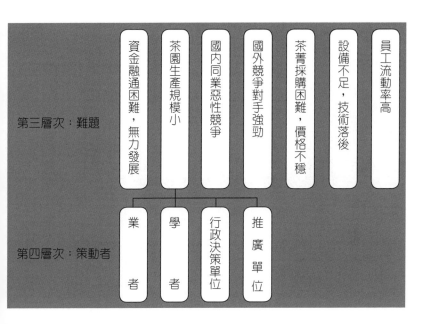

3.「國內同業惡性競爭」部分之配對比較矩陣、特徵向量、最大特徵值、一致性指標和一致性比率如下：

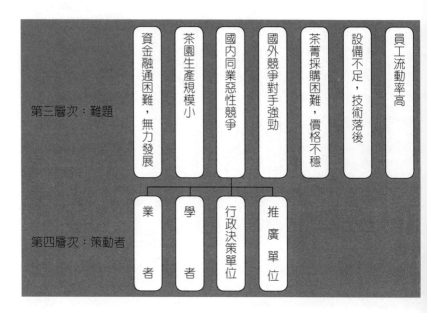

4.「國外競爭對手強勁」部分之配對比較矩陣、特徵向量、最大特徵值、一致性指標和一致性比率如下：

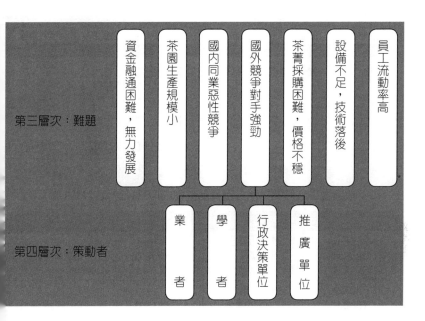

第三層次：難題

資金融通困難，無力發展　茶園生產規模小　國內同業惡性競爭　國外競爭對手強勁　茶菁採購困難，價格不穩　設備不足，技術落後　員工流動率高

第四層次：策動者

業者　學者　行政決策單位　推廣單位

$$
\begin{array}{c}
\quad A\ B\ C\ D \\
\begin{array}{c}A\\B\\C\\D\end{array}
\begin{pmatrix}
1 & 6 & 2 & 4 \\
\frac{1}{6} & 1 & \frac{1}{3} & \frac{1}{3} \\
\frac{1}{2} & 3 & 1 & 3 \\
\frac{1}{4} & 3 & \frac{1}{3} & 1
\end{pmatrix}
\end{array}
\qquad
W=\begin{pmatrix}
0.51 \\
0.0711 \\
0.2822 \\
0.1367
\end{pmatrix}
\qquad
\begin{array}{l}
\lambda max = 4.111 \\
CI = 0.037 \\
CR = 0.041
\end{array}
$$

5.「茶菁採購困難，價格不穩」部分之配對比較矩陣、特徵向量、最大特徵值、一致性指標和一致性比率如下：

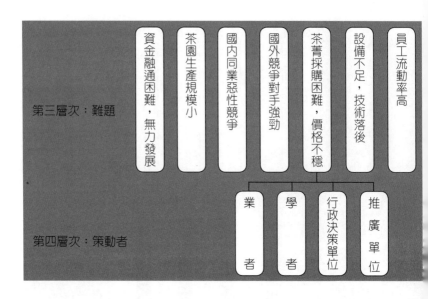

6.「設備不足，技術落後」部分之配對比較矩陣、特徵向量、最大特徵值、一致性指標和一致性比率如下：

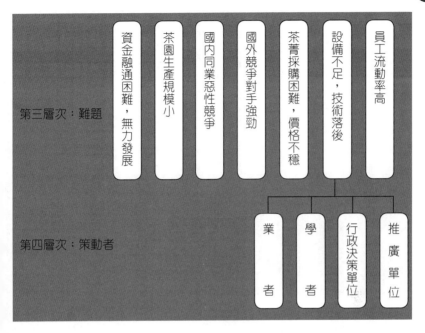

第三層次：難題

資金融通困難，無力發展
茶園生產規模小
國內同業惡性競爭
國外競爭對手強勁
茶菁採購困難，價格不穩
設備不足，技術落後
員工流動率高

第四層次：策動者

業　者
學　者
行政決策單位
推廣單位

$$\begin{array}{c c}
 & \begin{array}{c c c c} A & B & C & D \end{array} \\
\begin{array}{c} A \\ B \\ C \\ D \end{array} & \begin{pmatrix} 1 & 8 & 4 & 6 \\ \frac{1}{8} & 1 & 1 & 1 \\ \frac{1}{4} & 1 & 1 & 1 \\ \frac{1}{6} & 1 & 1 & 1 \end{pmatrix}
\end{array}$$

$$W = \begin{pmatrix} 0.6573 \\ 0.105 \\ 0.1249 \\ 0.1129 \end{pmatrix}$$

$\lambda max = 4.0462$
$CI = 0.015$
$CR = 0.017$

7.「員工流動率高」部分之配對比較矩陣、特徵向量、最大特徵值、一致性指標和一致性比率如下：

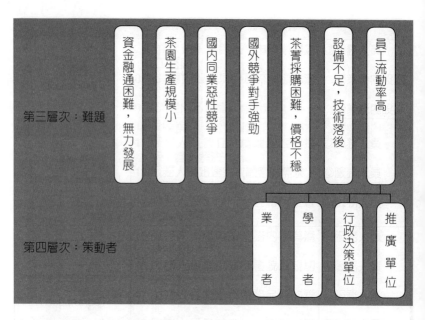

第三層次：難題

員工流動率高　設備不足，技術落後　茶菁採購困難，價格不穩　國外競爭對手強勁　國內同業惡性競爭　茶園生產規模小　資金融通困難，無力發展

第四層次：策動者

業者　學者　行政決策單位　推廣單位

$$
\begin{array}{c}
\quad\ \ A\ B\ C\ D \\
\begin{array}{c}A\\B\\C\\D\end{array}
\begin{pmatrix}
1 & 8 & 3 & 4 \\
\dfrac{1}{8} & 1 & \dfrac{1}{2} & \dfrac{1}{2} \\
\dfrac{1}{3} & 2 & 1 & 1 \\
\dfrac{1}{4} & 2 & 2 & 1
\end{pmatrix}
\end{array}
\qquad
W=\begin{pmatrix}0.5775\\0.0767\\0.1564\\0.1895\end{pmatrix}
\qquad
\begin{array}{l}
\lambda\max = 4.2086\\
CI = 0.0695\\
CR = 0.0772
\end{array}
$$

8. 第三部分之合成優先向量，可由下列矩陣相乘得之：

$$
\begin{pmatrix}
0.5099 & 0.4994 & 0.4995 & 0.51 & 0.5031 & 0.6573 & 0.5775 \\
0.0722 & 0.0061 & 0.0847 & 0.711 & 0.0562 & 0.105 & 0.0767 \\
0.2125 & 0.2223 & 0.2893 & 0.2822 & 0.3254 & 0.1249 & 0.1564 \\
0.2054 & 0.2171 & 0.1266 & 0.1367 & 0.1153 & 0.1129 & 0.1895
\end{pmatrix}
\begin{pmatrix}
0.0743\\0.0875\\0.1109\\0.1072\\0.1355\\0.0715\\0.4232
\end{pmatrix}
=
\begin{pmatrix}
1.0495\\0.1423\\0.2169\\0.1669
\end{pmatrix}
$$

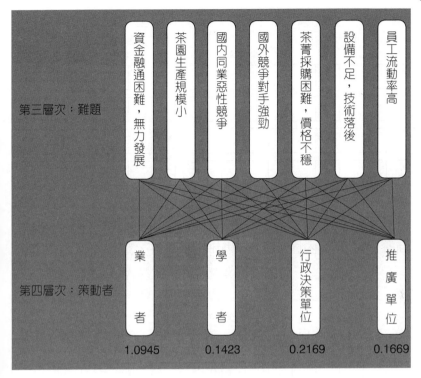

第三層次：難題

第四層次：策動者

| 資金融通困難，無力發展 | 茶園生產規模小 | 國內同業惡性競爭 | 國外競爭對手強勁 | 茶菁採購困難，價格不穩 | 設備不足，技術落後 | 員工流動率高 |

| 業者 | 學者 | 行政決策單位 | 推廣單位 |
| 1.0945 | 0.1423 | 0.2169 | 0.1669 |

・**第四部分：我國茶葉之改進政策**

　　1.「業者」部分之配對比較矩陣、特徵向量、最大特徵、一致性指標和一致性比率如下：

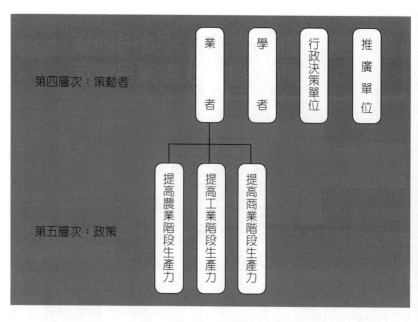

第四層次：策動者　業者　學者　行政決策單位　推廣單位

第五層次：政策　提高農業階段生產力　提高工業階段生產力　提高商業階段生產力

$$
\begin{array}{c}
\begin{array}{ccc} & A & B & C \end{array} \\
\begin{array}{c} A \\ B \\ C \end{array}
\begin{pmatrix} 1 & \frac{1}{2} & \frac{1}{2} \\ 2 & 1 & 2 \\ 2 & \frac{1}{2} & 1 \end{pmatrix}
\end{array}
\qquad
W = \begin{pmatrix} 0.1958 \\ 0.4934 \\ 0.3108 \end{pmatrix}
\qquad
\begin{array}{l}
\lambda max = 3.0536 \\
CI = 0.027 \\
CR = 0.046
\end{array}
$$

　　2.「學者」部分之配對比較矩陣、特徵向量、最大特徵值、一致性指標和一致性比率如下：

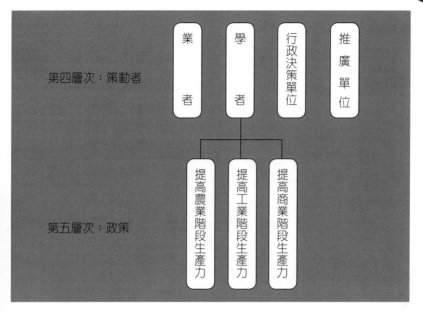

$$\begin{array}{c} & A\ \ B\ \ C \\ \begin{array}{c}A\\B\\C\end{array} & \begin{pmatrix} 1 & 2 & \frac{1}{3} \\ \frac{1}{2} & 1 & \frac{1}{2} \\ 3 & 2 & 1 \end{pmatrix} \end{array} \quad W = \begin{pmatrix} 0.2941 \\ 0.1765 \\ 0.5294 \end{pmatrix} \quad \begin{array}{l} \lambda max = 3.1555 \\ CI = 0.0778 \\ CR = 0.1341 \end{array}$$

3.「行政決策單位」部分之配對比較矩陣、特徵向量、最大特徵值、一致性指標和一致性比率如下：

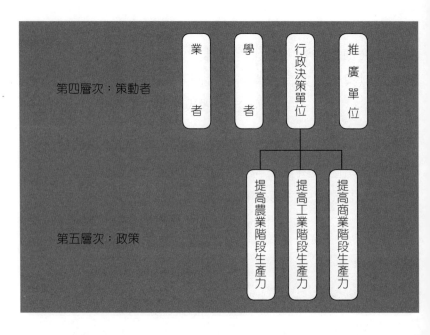

第四層次：策動者　業者　學者　行政決策單位　推廣單位

第五層次：政策　提高農業階段生產力　提高工業階段生產力　提高商業階段生產力

$$
\begin{array}{c}
\quad\; A\; B\; C \\
\begin{array}{c} A \\ B \\ C \end{array}
\begin{pmatrix}
1 & \frac{1}{3} & 2 \\
3 & 1 & 3 \\
\frac{1}{2} & \frac{1}{3} & 1
\end{pmatrix}
\end{array}
\qquad
W = \begin{pmatrix} 0.274 \\ 0.5753 \\ 0.1507 \end{pmatrix}
\qquad
\begin{array}{l}
\lambda\max = 3.1964 \\
CI = 0.0982 \\
CR = 0.1693
\end{array}
$$

　　4.「推廣單位」部分之配對比較矩陣、特徵向量、最大特徵值、一致性指標和一致性比率如下

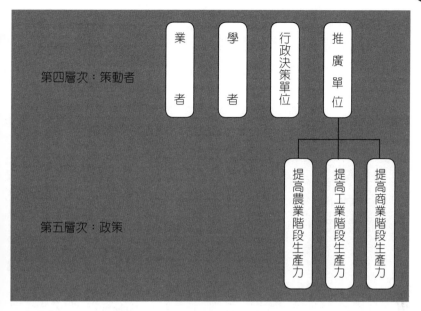

$$
\begin{array}{c}
\quad\quad A\ \ B\ \ C \\
\begin{array}{c} A \\ B \\ C \end{array}
\begin{pmatrix} 1 & 3 & \dfrac{1}{2} \\[2mm] \dfrac{1}{3} & 1 & \dfrac{1}{4} \\[2mm] 2 & 4 & 1 \end{pmatrix}
\quad W = \begin{pmatrix} 0.344 \\ 0.121 \\ 0.535 \end{pmatrix}
\quad
\begin{array}{l}
\lambda\max = 3.0256 \\
CI = 0.0128 \\
CR = 0.022
\end{array}
\end{array}
$$

5.第四部分之合成優先向量,可由下列矩陣相乘得之:

$$\begin{pmatrix} 0.1958 & 0.2941 & 0.274 & 0.344 \\ 0.4934 & 0.1765 & 0.5753 & 0.121 \\ 0.3108 & 0.5294 & 0.1507 & 0.535 \end{pmatrix} \begin{pmatrix} 1.0945 \\ 0.1423 \\ 0.2169 \\ 0.1669 \end{pmatrix} = \begin{pmatrix} 0.3445 \\ 0.7401 \\ 0.5375 \end{pmatrix}$$

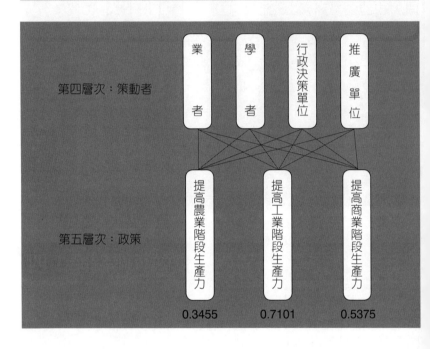

第四層次：策動者　　業者　　學者　　行政決策單位　　推廣單位

第五層次：政策　　提高農業階段生產力　　提高工業階段生產力　　提高商業階段生產力

0.3455　　0.7101　　0.5375

・第五部分：促進我國茶葉發展之行動方案

　　1.「農業階段」部分之配對比較矩陣、特徵向量、最大特徵值、一致性指標和一致性比率如下：

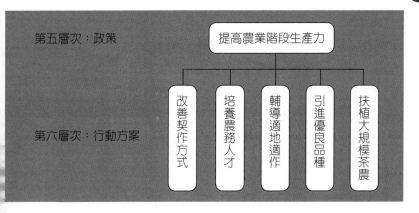

第五層次：政策 — 提高農業階段生產力

第六層次：行動方案 — 改善契作方式 ／ 培養農務人才 ／ 輔導適地適作 ／ 引進優良品種 ／ 扶植大規模茶農

$$
\begin{array}{c@{\;}c}
 & \begin{array}{ccccc} A & B & C & D & E \end{array} \\
\begin{array}{c} A \\ B \\ C \\ D \\ E \end{array} &
\begin{pmatrix}
1 & \frac{1}{4} & \frac{1}{6} & 1 & \frac{1}{2} \\
4 & 1 & 1 & 1 & 2 \\
6 & 1 & 1 & 1 & 3 \\
1 & 1 & 1 & 1 & 4 \\
2 & \frac{1}{2} & \frac{1}{3} & \frac{1}{4} & 1
\end{pmatrix}
\end{array}
\qquad
W = \begin{pmatrix} 0.0811 \\ 0.2666 \\ 0.3135 \\ 0.232 \\ 0.1068 \end{pmatrix}
\qquad
\begin{array}{l}
\lambda_{max} = 5.437 \\
CI = 0.109 \\
CR = 0.097
\end{array}
$$

2.「工業階段」部分之配對比較矩陣、特徵向徵量、最大特值、一致性指標和一致性比率如下：

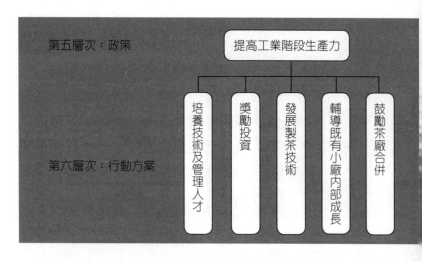

第五層次：政策　提高工業階段生產力

第六層次：行動方案

培養技術及管理人才　獎勵投資　發展製茶技術　輔導既有小廠內部成長　鼓勵茶廠合併

$$
\begin{array}{c}
\begin{array}{ccccc}
 & A & B & C & D & E
\end{array}\\
\begin{array}{c}
A\\ B\\ C\\ D\\ E
\end{array}
\begin{pmatrix}
1 & 1 & 2 & \frac{1}{2} & \frac{1}{3}\\
1 & 1 & \frac{1}{3} & 1 & \frac{1}{2}\\
\frac{1}{2} & 3 & 1 & \frac{1}{4} & \frac{1}{4}\\
2 & 1 & 4 & 1 & \frac{1}{4}\\
3 & 2 & 4 & 4 & 1
\end{pmatrix}
\end{array}
\qquad
W=\begin{pmatrix}
0.1346\\
0.1067\\
0.1392\\
0.2297\\
0.3898
\end{pmatrix}
\qquad
\begin{array}{l}
\lambda max = 5.821\\
CI = 0.2053\\
CR = 0.1833
\end{array}
$$

　3.「商業階段」部分之配對比較矩陣、特徵向量、最大特徵值、一致性指標和一致性比率如下：

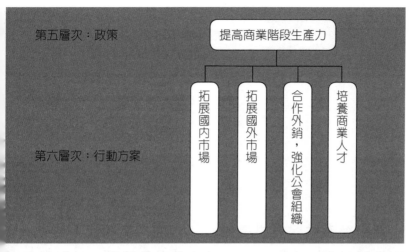

第五層次：政策　提高商業階段生產力

第六層次：行動方案　拓展國內市場　拓展國外市場　合作外銷，強化公會組織　培養商業人才

$$\begin{array}{c c c c c}
 & A & B & C & D \\
A & 1 & 1 & 2 & 3 \\
B & 1 & 1 & 2 & 2 \\
C & \frac{1}{2} & \frac{1}{2} & 1 & 3 \\
D & \frac{1}{3} & \frac{1}{2} & \frac{1}{3} & 1
\end{array}$$

$$W = \begin{pmatrix} 0.3471 \\ 0.2975 \\ 0.2479 \\ 0.1074 \end{pmatrix}$$

$\lambda max = 4.1503$
$CI = 0.0501$
$CR = 0.0557$

4.第五部分之合成優先向量，可由下列矩陣相乘得之：

$$\begin{pmatrix} 0.0811 \\ 0.2666 \\ 0.3135 \\ 0.232 \\ 0.1068 \end{pmatrix} (0.3445) = \begin{pmatrix} 0.0279 \\ 0.0918 \\ 0.108 \\ 0.08 \\ 0.0368 \end{pmatrix}$$

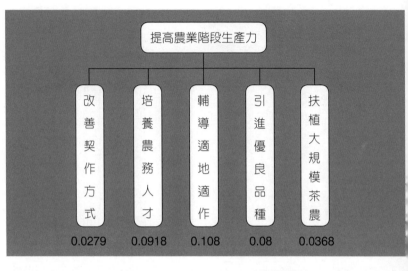

$$\begin{pmatrix} 0.1346 \\ 0.1067 \\ 0.1392 \\ 0.2297 \\ 0.3898 \end{pmatrix} (0.7101) = \begin{pmatrix} 0.0956 \\ 0.0758 \\ 0.0988 \\ 0.1631 \\ 0.2768 \end{pmatrix}$$

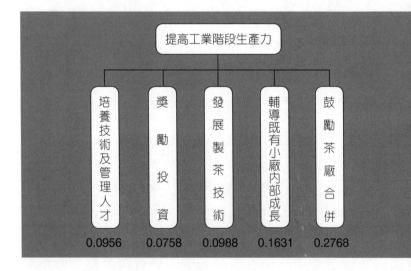

$$\begin{pmatrix} 0.3471 \\ 0.2975 \\ 0.2479 \\ 0.1074 \end{pmatrix} (0.5375) = \begin{pmatrix} 0.1866 \\ 0.16 \\ 0.1332 \\ 0.0577 \end{pmatrix}$$

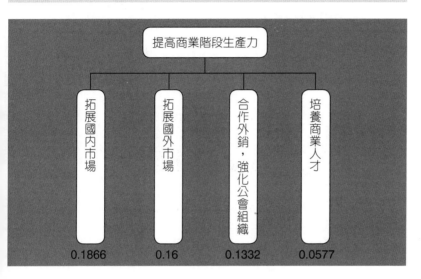

提高商業階段生產力

| 拓展國內市場 | 拓展國外市場 | 合作外銷，強化公會組織 | 培養商業人才 |

0.1866   0.16   0.1332   0.0577

・第六部分：整個層級之一致性檢定（**CRH**）

因 $CRH = \dfrac{CH}{\overline{CH}}$

而 $CH = \sum\limits_{j=1}^{h} CH_j = \sum\limits_{j=1}^{h}\sum\limits_{i=1}^{nij} W_{ij}U_{i,\,j+1}$ ，當 $j = 1$ 時，$W_{ij} = 1$

$\overline{CH} = \sum\limits_{j=1}^{h} \overline{CH_j}$

所以第一層次 CH_1 與 $\overline{CH_1}$ 為：

$$CH1 = \sum\limits_{i=1}^{n_{i1}} W_{i1}U_{i,\,2} = 1 \times 0.0128 = 0.0128$$

$$\overline{CH_1} = 0.9$$

第二層次 CH_2 與 $\overline{CH_2}$ 為：

$$CH_2 = \sum_{i=1}^{n_{i2}} W_{i2}, U_{i,3}$$

$$= (0.4975 \; 0.122 \; 0.249 \; 0.1315) \begin{pmatrix} 0.098 \\ 0.0525 \\ 0.085 \\ 0.107 \end{pmatrix} = 0.0905$$

$$\overline{CH_2} = 1.32$$

第三層次 CH_3 與 $\overline{CH_3}$ 為：

$$CH_3 = \sum_{i=1}^{n_{i3}} W_{i3}, U_{i,4}$$

$$= (0.743 \; 0.0875 \; 0.1109 \; 0.1072 \; 0.0715 \; 0.4232) \begin{pmatrix} 0.0678 \\ 0.019 \\ 0.017 \\ 0.037 \\ 0.057 \\ 0.015 \\ 0.0695 \end{pmatrix}$$

$$= 0.0508$$
$$\overline{CH_3} = 0.90$$

第四層次：

$$CH_4 = \sum_{i=1}^{n_{i4}} W_{i4} U_{i,5}$$

$$= (1.0945 \; 0.1423 \; 0.2169 \; 0.1669) \begin{pmatrix} 0.027 \\ 0.0778 \\ 0.0982 \\ 0.0128 \end{pmatrix}$$

$$= 0.0645$$
$$\overline{CH_4} = 0.58$$

第五層次：

$$CH_5 = \sum_{i=1}^{U_{i5}} W_{i5} U_{i,6}$$

$$= (0.3445 \quad 0.7101 \quad 0.5375) \begin{pmatrix} 0.109 \\ 0.2053 \\ 0.0501 \end{pmatrix} = 0.2103$$

$$\overline{CH_5} = (0.3445 \quad 0.7101 \quad 0.5375) \begin{pmatrix} 1.12 \\ 1.12 \\ 0.9 \end{pmatrix} = 1.6648$$

$$CH = \sum_{j=1}^{n} CH_j = CH_1 + CH_2 + CH_3 + CH_4 + CH_5$$

$$= 0.0128 + 0.0905 + 0.0508 - 0.0645 + 0.2103$$

$$= 0.4289$$

$$\overline{CH} = \sum_{j=1}^{h} \overline{CH_j} = \overline{CH_1} + \overline{CH_2} + \overline{CH_3} + \overline{CH_4} + \overline{CH_5}$$

$$= 0.9 + 1.32 + 0.9 + 0.58 + 1.66$$

$$= 5.3648$$

$$CHR = \frac{CH}{\overline{CH}} = \frac{0.4289}{5.3648} = 0.08 < 0.1 \ 達滿意水準$$

三　結論

　　應用分析層級程序法，綜合專家之共識，其結果以下面四個部分說明。

‧第一部分：期望我國茶業未來發展方向

依表8-3所示，發現專家有如下之共識：「我國茶業未來發展方向，以國內市場為主，其次是歐美市場，而其他地區（非洲、中東）又優先於日本市場。」

表8-3　茶業未來發展方向之重要性程度表

單位：特徵值

方向	國內市場	日本市場	歐美市場	其他地區
重要性程度	0.4975	0.122	0.249	0.1315
優先順序	1	4	2	3

資料來源：本研究

‧第二部分：面臨之難題

在發展國內市場方面，各難題中以「員工流動率高」、「國內同業惡性競爭」、「國外競爭對手強勁」三項較重要。發展日本市場方面，各難題中以「國外競爭對手強勁」、「員工流動率高」、「茶菁採購困難，價格不穩」三項較重要。歐美市場方面，以「員工流動率高」、「茶菁採購困難，價格不穩」、「茶園生產規模小」三項為主。其他地區方面，以「員工流動率高」、「設備不足，技術落後」、「茶園生產規模小」三項為主。綜合國內、日本、歐美、其他地區四個市場層面，各項難題之重要性順序依次為「員工流動率高」、「國外競爭對手強勁」、「茶菁採購困難，價格不穩」、「國內同業惡性競爭」、「設備不足，技術落後」、「茶園生產規模小」、「資金融通困難，無力發展」。

表8-4　茶業在各主要市場所面臨難題之重要性程度表

單位：特徵值

市場	難題	資金融通困難無力發展	茶園生產規模小	國內同業惡性競爭	國外競爭對手強勁	茶菁採購困難價格不穩	設備不足技術落後	員工流動率高
國內	重要性程序	0.0596	0.0682	0.1283	0.1264	0.1143	0.0571	0.4469
	優先順序	6	5	2	3	4	7	1
日本	重要性程序	0.04	0.0843	0.1325	0.652	0.1714	0.0857	0.421
	優先順序	7	6	4	1	3	5	2
歐美	重要性程序	0.0554	0.1097	0.0832	0.0964	0.1801	0.0518	0.434
	優先順序	6	3	5	4	2	7	1
其他	重要性程序	0.1197	0.1219	0.0774	0.0934	0.0982	0.1499	0.3386
	優先順序	4	3	7	6	5	2	1
綜合	重要性程序	0.0832	0.1021	0.1162	0.3205	0.1494	0.115	0.4095
	優先順序	7	6	4	2	3	5	1

資料來源：本研究

‧第三部分：策動者

由表8-5得知，「解決資金融通困難，無力發展」、「茶園生產規模小」、「國內同業惡性競爭」、「國外競爭對手強勁」、「茶菁採購困難，價格不穩」、「設備不足，技術落後」、「員工流動率高」等七項難題時，業者占首要地位，其次為行政單位、推廣單位，最後為學者。

表8-5　解決茶葉遭遇困難之策動者影響力重要性程度表

單位：特徵值

難題　　策動者		業者	學者	行政單位	推廣單位
資　金 融通困難 無力發展	重要性程度	0.5099	0.0722	0.2125	0.2054
	優先順序	1	4	2	3
茶園生產 規模小	重要性程度	0.4994	0.061	0.2223	0.2171
	優先順序	1	4	2	3
國內同業 惡性競爭	重要性程度	0.4995	0.0847	0.2893	0.2166
	優先順序	1	4	2	3
國外競爭 對手強勁	重要性程度	0.51	0.0711	0.2822	0.1367
	優先順序	1	4	2	3
茶　菁 採購困難 價格不穩	重要性程度	0.5031	0.0562	0.3254	0.1153
	優先順序	1	4	2	3
設備不足 技術落後	重要性程度	0.6573	0.105	0.1249	0.1129
	優先順序	1	4	2	3
員　工 流動率高	重要性程度	0.5775	0.0767	0.1564	0.1895
	優先順序	1	4	3	2
綜　合	重要性程度	0.5367	0.0753	0.2341	0.1598
	優先順序	1	4	2	3

資料來源：本研究

・第四部分：發展政策

從表8-6可知，學者和推廣單位於推動各項改進政策之優先順序，首先為提高商業階段生產力、提高農業階段生產力、提高工業階段生產力。業者和行政單位於推動各項改進之優先順序，首先為提高工業階段生產力。綜觀四方面策動者，以改進商業階段生產力為先，其次為工業階段生產力，最後為農業階段生產力。此乃由於茶葉在國內具有悠久之歷史，故在農務方面之改良研究已稍具成效；而商業階段生產力，乃因茶葉外銷的重要性與日俱增，故日益增加商務工作之重要性；至於工業階段，乃茶葉之重心，如何提升品質、降低成本、增加附加價值、建立行銷策略，乃為當前最迫切之任務。

表8-6　茶業各問題解決策動者在推動各政策上重要性程度表

單位：特徵值

策動者 \ 政策		提高農業 階段生產力	提高工業 階段生產力	提高商業 階段生產力
業　　者	重要性程度	0.1958	0.4934	0.3108
	優先順序	3	1	2
學　　者	重要性程度	0.2941	0.1765	0.5294
	優先順序	2	3	1
行政單位	重要性程度	0.274	0.5753	0.1507
	優先順序	2	1	3
推廣單位	重要性程度	0.344	0.121	0.535
	優先順序	2	3	1
綜　　合	重要性程度	0.2886	0.438	0.4406
	優先順序	3	2	1

資料來源：本研究

提高農業階段生產力之行動方案之重要性順序，依次為

輔導適地適作、培養農務人才、引進優良品種、扶植大規模茶農、改善契作方式，見表8-7。

表8-7　改進茶業農業階段生產力之各行動方案重要性程度表

單位：特徵值

行動方案 項目	改　　善 契作方式	培　　養 農務人才	輔　　導 適地適作	引　　進 優良品種	扶植大 規模茶農
重要性程度	0.0811	0.2666	0.3135	0.232	0.1068
優先順序	5	2	1	3	4

資料來源：本研究

提高工業階段生產力行動方案，以鼓勵茶廠合併最為迫切，其次是輔導既有小廠內部成長、發展製茶技術、培養技術及管理人才、獎勵投資，見表8-8。

表8-8　改進茶業工業階段生產力之各行動方案重要性程度表

單位：特徵值

行動方案 項目	培養技術 及 管理人才	獎勵投資	發　　展 製茶技術	輔　　導 既有小廠 內部成長	鼓　　勵 茶廠合併
重要性程度	0.0956	0.0758	0.0988	0.1631	0.2768
優先順序	4	5	3	2	1

資料來源：本研究

提高商業階段生產力之主要行動方案，以拓展國內及國外市場最要緊，繼而為合作外銷、強化公會組織，最後為培養商業人才，見表8-9。

表8-9 改進茶業商業階段生產力之各行動方案重要性程度表

單位：特徵值

行動方案 項目	拓　展 國內市場	拓　展 國外市場	合作外銷 強化公會 力　　量	培　養 商業人才
重要性程度	0.1866	0.16	0.1332	0.0577
優先順序	1	2	3	4

資料來源：本研究

問卷設計

・第一部分

我國茶葉未來發展之市場有四，分別為：國內、日本、歐美、其他地區（非洲、中東）。請您評估上述三種可能市場之相對重要性：

絕 強 9	極 強 8	◎ 7	頗 強 6	◎ 5	稍 強 4	◎ 3	等 強 2	◎ 1	稍 強 2	◎ 3	頗 強 4	◎ 5	極 強 6	◎ 7	絕 強 8	9

‧第二部分

在發展上，可能遭遇之難題有七項，分別為：「茶農利潤低，生產規模過小」、「員工流動率高」、「國內同業惡性競爭」、「國外競爭壓力，無力擴展市場」、「茶菁採購困難，價格不穩」、「資金融通困難，無力研究發展」、「設備不足或陳舊，生產技術落後」。

1.在發展國內市場之前提下，請您評估七項難題之相對重要性程度：

絕強	◎	極強	◎	頗強	◎	稍強	◎	等強	◎	稍強	◎	頗強	◎	極強	◎	絕強
9	8	7	6	5	4	3	2	1	2	3	4	5	6	7	8	9

2.在發展日本市場之前提下，請您評估七項難題之相對
重要性程度：

絕強	◎	極強	◎	頗強	◎	稍強	◎	等強	◎	稍強	◎	頗強	◎	極強	◎	絕強
9	8	7	6	5	4	3	2	1	2	3	4	5	6	7	8	9

3.在發展歐美市場之前提下，請您評估七項難題之相對
重要性程度：

絕強	◎	極強	◎	頗強	◎	稍強	◎	等強	◎	稍強	◎	頗強	◎	極強	◎	絕強
9	8	7	6	5	4	3	2	1	2	3	4	5	6	7	8	9

4.在發展其他地區（非 洲、中 東）市場之前提下，請您評估七項難題之相對重要性程度：

絕強 9	◎ 8	極強 7	◎ 6	頗強 5	◎ 4	稍強 3	◎ 2	等強 1	◎ 2	稍強 3	◎ 4	頗強 5	◎ 6	極強 7	◎ 8	絕強 9

‧第三部分

影響茶葉未來發展之主要策動者有四，分別為：業者、學者、政府決策單位、推廣單位。

1.在解決「員工流動率高」之難題方面，您認為各策動者之相對重要性程度如何：

絕強 9	◎ 8	極強 7	◎ 6	頗強 5	◎ 4	稍強 3	◎ 2	等強 1	◎ 2	稍強 3	◎ 4	頗強 5	◎ 6	極強 7	◎ 8	絕強 9

2.在解決「茶菁採購困難，價格不穩」之難題方面，您認為各策動者之相對重要性程度如何：

絕強	◎	極強	◎	頗強	◎	稍強	◎	等強	◎	稍強	◎	頗強	◎	極強	◎	絕強
9	8	7	6	5	4	3	2	1	2	3	4	5	6	7	8	9

3.在解決「生產技術設備落後」難題方面，您認為各策動者之相對重要性如何：

絕強	◎	極強	◎	頗強	◎	稍強	◎	等強	◎	稍強	◎	頗強	◎	極強	◎	絕強
9	8	7	6	5	4	3	2	1	2	3	4	5	6	7	8	9

4.在解決「茶園生產規模小」之難題方面，您認為各策動者之相對重要性程度如何：

絕強	◎	極強	◎	頗強	◎	稍強	◎	等強	◎	稍強	◎	頗強	◎	極強	◎	絕強
9	8	7	6	5	4	3	2	1	2	3	4	5	6	7	8	9

5.在解決「國外競爭對手強勁壓力」之難題方面，您認為各策動者之相對重要性程度如何：

絕強 9	◎ 8	極強 7	◎ 6	頗強 5	◎ 4	稍強 3	◎ 2	等強 1	◎ 2	稍強 3	◎ 4	頗強 5	◎ 6	極強 7	◎ 8	絕強 9

6.在解決「國內同業惡性競爭」之難題方面，您認為各策動者之相對重要性程度如何：

絕強 9	◎ 8	極強 7	◎ 6	頗強 5	◎ 4	稍強 3	◎ 2	等強 1	◎ 2	稍強 3	◎ 4	頗強 5	◎ 6	極強 7	◎ 8	絕強 9

7.在解決「資金融通困難」之難題方面，您認為各策動者之相對重要性程度如何：

絕強 9	◎ 8	極強 7	◎ 6	頗強 5	◎ 4	稍強 3	◎ 2	等強 1	◎ 2	稍強 3	◎ 4	頗強 5	◎ 6	極強 7	◎ 8	絕強 9

・第四部分

　　主要策動者主張改進之道有三，分別為：提高農業階段生產力、提高工業階段生產力、提高商業階段生產力。

　　1.請您評估業者推動各種改進之道其相對重要性如何：

絕強	◎	極強	◎	頗強	◎	稍強	◎	等強	◎	稍強	◎	頗強	◎	極強	◎	絕強
9	8	7	6	5	4	3	2	1	2	3	4	5	6	7	8	9

　　2.請您評估學者推動各種改進之道其相對重要性如何：

絕強	◎	極強	◎	頗強	◎	稍強	◎	等強	◎	稍強	◎	頗強	◎	極強	◎	絕強
9	8	7	6	5	4	3	2	1	2	3	4	5	6	7	8	9

　　3.請您評估政府決策單位推動各種改進之道其相對重要性如何：

絕強	◎	極強	◎	頗強	◎	稍強	◎	等強	◎	稍強	◎	頗強	◎	極強	◎	絕強
9	8	7	6	5	4	3	2	1	2	3	4	5	6	7	8	9

4.請您評估推廣單位推動各種改進之道其相對重要性如何：

絕強	◎	極強	◎	頗強	◎	稍強	◎	等強	◎	稍強	◎	頗強	◎	極強	◎	絕強
9	8	7	6	5	4	3	2	1	2	3	4	5	6	7	8	9

‧第五部分

1.改進農業階段生產力之主要對策有五，分別為：培養農務人才、輔導適地適作、引進優良茶種改進採收技術、扶植大規模茶農、改善契作方式。請您評估各對策之相對重要性如何：

絕強	◎	極強	◎	頗強	◎	稍強	◎	等強	◎	稍強	◎	頗強	◎	極強	◎	絕強
9	8	7	6	5	4	3	2	1	2	3	4	5	6	7	8	9

2.改進工業階段生產力之主要對策有五，分別為：培養技術及管理人才、發展製茶技術、鼓勵茶廠合併、輔導既有小廠內部成長、獎勵投資。請您評估各對策之相對重要性如何：

絕強 9	◎ 8	極強 7	◎ 6	頗強 5	◎ 4	稍強 3	◎ 2	等強 1	◎ 2	稍強 3	◎ 4	頗強 5	◎ 6	極強 7	◎ 8	絕強 9

3.改進商業階段生產力之主要對策有四，分別為：合作外銷強化公會組織、拓展國外市場、拓展國內市場、培養商業人才。請您評估各對策之相對重要性如何：

絕強 9	◎ 8	極強 7	◎ 6	頗強 5	◎ 4	稍強 3	◎ 2	等強 1	◎ 2	稍強 3	◎ 4	頗強 5	◎ 6	極強 7	◎ 8	絕強 9

　　林淑萍、劉思穎、張陞灯三位學者，以中華電信新竹營運處所屬之十個電信服務中心為研究範圍，並以至服務中心接受服務之消費者為研究對象，進行問卷調查。其抽樣方式採「分層系統隨機抽樣方法」，利用一週的時間，對前來服務中心申辦業務之顧客，分別以叫號機每隔五號抽取一位顧客進行問卷調查，以2003年11月份統計各服務中心每日平均來店顧客人數為準，依人數比例分配各服務中心問卷發放數量。在95%的信賴水準下，使得誤差不超過3%，該研究之有效樣本數應大於1,068份，然考慮有效樣本回收率之問題，共發放1,500份問卷，回收1,378份問卷，有效問卷1,327 份。另外，該研究在建立服務品質評估架構時，利用了「層級程序分析法」（AHP），並以中華電信新竹營運處所屬之十個電信服務中心之中心主任及股長為績效考核指標權重問卷之研究對象。

　　該研究首先以 Parasuraman、Zeithaml 與 Berry（簡稱PZB）三位學者於1988年提出的服務品質量表、共五項構面二十二個項目為基礎，並彙整電信服務中心實際實施之三大構面下十九項評估指標，最後建立出二十五項指標，使得此二十五項指標同時符合 PZB 之五項服務品質主構面，並能歸類於服務中心之三項構面。然而，為了獲得指標之權重，首

先利用因素分析，將二十五項指標萃取出六個次準則，接著再以層級程序分析法（AHP）建立電信服務中心之服務品質績效考核層級架構圖，並計算出評估準則之權重。該研究之研究架構及問卷設計評量項，如圖8-3及表8-10所示。

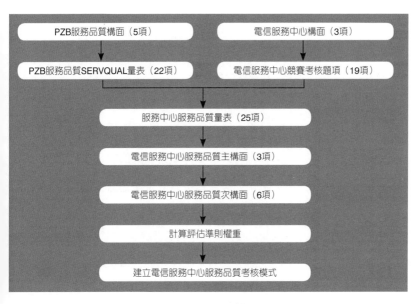

圖8-3　研究架構圖

表8-10　電信服務中心服務品質構面與評量題項

服務品質構面	評量題項	問卷評量構面
有形性 （Tangibles）	1.服務人員之服裝儀容整潔美觀	◎服務人員
	2.營業廳內服務台設施完善	△營業廳內設施
	3.營業廳內櫃台設施完善	△營業廳內設施
	4.營業廳內環境整潔明亮舒適	△營業廳內設施
	5.營業廳內提供書報雜誌及飲水設備	△營業廳內設施
	6.營業廳外門面景觀及廣告招牌整潔美觀	□營業廳外設施

服務品質構面	評量題項	問卷評量構面
可靠性 （Reliability）	7.服務人員會明確告知申請業務之竣工時間	◎服務人員
	8.營業廳內服務項目及流程標示清楚	△營業廳內設施
	9.營業廳內各項費率標示清楚	△營業廳內設施
反應性 （Responsiveness）	10.申請業務及繳費手續相當簡便	△營業廳內設施
	11.服務人員會立刻處理顧客的抱怨，圓滿解決	◎服務人員
	12.服務人員迅速完成顧客的需求	◎服務人員
	13.服務人員正確完成顧客的需求	◎服務人員
	14.服務人員忙碌時會互相支援維持服務品質	◎服務人員
保證性 （Assurance）	15.服務人員對申請業務內容有清楚的說明	◎服務人員
	16.服務人員有良好的禮貌及親切的態度	◎服務人員
	17.主管人員很重視服務品質的管理	◎服務人員
	18.服務人員具有良好的專業知識及能力	◎服務人員
	19.服務人員電話禮貌周到	◎服務人員
關懷性 （Empathy）	20.營業服務時間符合顧客需要	△營業廳內設施
	21.服務人員會主動洽詢顧客需求	◎服務人員
	22.服務人員會主動告知其他優惠訊息	◎服務人員
	23.營業廳設置地點交通很方便	□營業廳外設施
	24.營業廳內設置首長信箱供顧客反應意見	△營業廳內設施
	25.營業廳外設置完善的無障礙設施	□營業廳外設施

◎表服務人員　△表營業廳內設施　□表營業廳外設施

該研究根據資料分析結果，電信服務中心之服務品質層級架構如圖8-4所示。

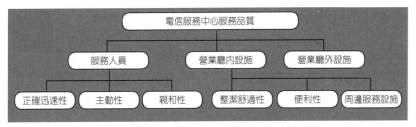

圖8-4　電信服務中心服務品質層級架構圖

　　該研究採取AHP方式來評估各準則之權重，經計算後，其權重之結果如表8-11所示。

表8-11　電信服務中心服務品質績效考核準則之相對權重

評估準則	準則權重	評估次準則	準則權重
服務人員	0.6666	正確迅速性 主動性 親和性	0.5232 0.2490 0.2278
營業廳內設施	0.2141	整潔舒適性 便利性 周邊服務設施	0.4540 0.3557 0.1903
營業廳外設施	0.1193		

註：林淑萍、劉思穎、張陞灯，《電信服務中心服務品質績效考核之研究——以中華電信新竹營運處為例》，中華管理學報WTO貿易與物流專刊第63～72頁，2005年7月，中華大學管理學院發行。

第九章

網際網路問卷
調查

1 網際網路問卷

一 定義

　　所謂「網際網路問卷」，就是指放置在網際網路上的電腦問卷。網路是取得問卷的一個媒介，網路問卷在實質上是電腦問卷，早期是由「電腦問卷」（Computer-Administered Questionnaire)、「電腦化問卷」（Computerized Questionnaire）開始，受試者必須到特定地點使用電腦作答，隨著網際網路逐漸發展與普及，與之結合而演變出以網路為媒介，供受試者取得問卷並進行作答的一種方式（陳清暉，2001）。

　　「調查法」本是一種初級的蒐集資料方法，直接實地調查所得第一手資料，將所獲得資料用來描述、解釋或探討一個社會現象、事件、或一群人之某一特定行為，所以，「問卷調查法」是最常被用來向距離遙遠、分散的大眾蒐集資訊的方法之一。

　　伴隨著科技與電腦的進步，傳統將紙筆式問卷郵寄到受訪者單位的方法，逐漸改變成利用電腦為輔助工具的調查法，在一般的調查中實際使用到的有「郵寄磁片調查法」（Disk-By-Mail, DBM）、「電腦輔助電話訪問法」（Computer-Assisted Telephone Interviewing, CATI）、「電腦

輔助個人面訪法」（Computer-Assisted Personal Interviewing, CAPI）（張一帆，1997）。

近年來，網路應用的發展愈來愈發達，隨著頻寬和技術的提升，網路成為可靠的資訊載具。「電腦網路問卷調查」（Computer Network Survey）便是利用網路進行問卷調查研究，以獲取網路使用者之意見與反應，現也成為新興的資料取得方法。蘇蘅與吳淑俊（1997）認為，「電腦網路調查法」結合了「調查法」的原理與新傳播科技，在方法上類似「電腦輔助電話訪問法」（CATI），不同的是電腦輔助電話訪問法是由訪員將資料鍵入電腦，而這些新的電子調查則必須由受訪者將回答鍵入電腦，以類似「自我監督問卷」（Self-Administrated Questionnaire）的方式回答。在網路研究工具方面，一般而言有四種調查形式，分別是：電子郵件（E-mail）、網路論壇（Newsgroup）、電子佈告欄（BBS）、全球資訊網（WWW）。周倩與林華（1997）指出，這四種網路服務形式的主要差異，在於其所支援的訊息格式、研究者準備問卷前後所需進行的工作、受測者所需的電腦知識和打字技巧，以及抽樣的可能行。

國內的研究中，張宜慶（1998）在網路上發展一套「德菲研究系統」，陶振超（1996）進行了一次全球資訊網的使用者調查，張一帆（1997）設計了一套以全球資訊網為基礎的「調適性電子問卷系統」。陶振超與張一帆二人都利用CGI（Common Gateway Interfaced）程式，來作為資料庫和網頁程式間的溝通管道。此二份研究僅將重心放在問卷系統的可行性，並未探討到此系統所處環境中的母體界定、抽樣技術、重複回答等問題。蘇蘅、吳淑俊（1997）指出，電子問卷調查的受訪者為「自我選擇的團體」（Self-Selec

Group），是否回答問卷要看受訪者有沒有參與調查的動機，所以，樣本的代表性和以機率抽樣方式取得的樣本有差異。蔡珮（1996）也指出，現階段「網路未能完全普及」，以及「電腦及數據機使用情形尚未達到如同電話、電視一般普遍使用」時，使用電子系統調查一般公眾，樣本之代表性在目前的確不如傳統郵遞調查、電訪及造府訪問。

　　結合前面電腦輔助調查法的觀察和電腦網路調查法的討論，如何能夠在現今的網路環境中，「讓電腦網路調查法」得到的使用者訊息資訊如同電腦輔助調查法所獲得資訊一樣，具有高度的代表性，便成了一個有趣的問題。

二　電腦輔助調查法之發展

　　利用電腦的輔助進行問卷調查的進行，對於社會科學的研究者而言，已經是普遍使用的方法。傳統的問卷調查，大致上可以分為四個步驟：文字編輯處理、問卷傳遞、結果儲存、資料分析（張宜慶，1998）；但是由於電腦的快速發展，傳統問卷調查由人力執行的部分，已經漸漸地由電腦所取代。一般實際使用的電腦輔助調查法有下列三種（張一帆，1997）：

㈠郵寄磁片調查法（Disk-By-Mail, DBM）

　　「郵寄磁片調查法」（DBM）之所以發展，主要是因為個人電腦逐漸普及的原因。其實行方法乃是將存有調查問卷的磁片寄給受訪者，受訪者利用電腦填答完問卷後，再將磁片寄還給調查單位。

㈡電腦輔助電話調查法（Computer Assisted Telephone Interviewing, CATI）

這是最早出現的「電腦輔助調查法」，實行方法是訪員坐在一個調查中心，每一個訪員都配有一台電腦和電話，訪員將螢幕上所呈現出來的問卷問題唸給受訪者聽，再將受訪者所回答的答案經由電腦記錄下來；調查中心還有一個監督員，負責監督及解決每個訪員所遇到的問題。

㈢電腦輔助面訪（Computer Assisted Personal Interviewing, CAPI）

由於「手提電腦」的出現，訪員可以在面訪時，攜帶手提電腦作為輔助工具，將受訪者的答案經由手提電腦記錄下來。在訪問結束後，將受訪者的資料經由磁片或網路傳回電腦主機處理。

「電腦輔助調查法」的發展，可粗分為三個階段：㈠以電腦輔助資訊蒐集系統模擬傳統紙筆式問卷；㈡中間融合階段；㈢為了電腦輔助蒐集調查法而產生的工具系統（張一帆，1997）。也就是指電腦輔助調查的功能由單純的編輯問卷和蒐集資訊的功能，逐漸發展成一個完整的系統，包含文字編輯處理、問卷傳遞、結果儲存、資料分析運算的解決方案（張宜慶，1998）。Baker（1996）也列出他認為電腦輔助調查工具發展可以分為四個階段：

㈠電腦輔助資訊蒐集調查法的發明（The Invention of CASIC）

隨著電腦的普及和運算功能的增強，電腦普遍受到科學和學術界的重視，因此開始運用電腦來輔助資料的蒐集工作。

(二)電腦輔助面訪（**The Emergence of CAPI**）

筆記型電腦的出現，使得訪員可以帶電腦進行調查，以增加其與受訪者間的互動關係。

(三)自我監督調查（**The Rise of Self-Administration**）

由於網路的出現，使得訪員的重要性降低，受試者可以透過網路自行答覆問卷，稱之為「自我監督調查法」。

(四)傳統調查法的衰退（**The Decline of Survey Research**）

由於網路的普及，全民上網的趨勢形成，因此大部分的主題只要透過網路就可以進行研究，導致「傳統調查法」的沒落。

三　電腦網路調查法

電腦網路是近年來最迅速發展的傳播科技。由於網路的普及，電腦輔助研究可超越只作資料統計分析等限制（蘇蘅、吳淑俊，1997），把問卷放在網路上進行「電腦網路問卷調查」成為了一種新興的調查方式，這個方式是透過電腦網路，將問卷快速地送到受訪者家中連上網路的電腦。透過網際網路，提供了個別使用者參與更多的群體、組織的途徑，透過網路系統形成更廣泛的接觸，建構新的傳播方式，網際網路也變成另一種「團體傳播」媒介（Hiltz & Turoff, 1978），這種「電子傳播社群」（Telecommunications Community）近年隨著網路普及而快速成長，也有助進行異質團體的電子調查。但是Nielsen（1995）研究認為，目前在網路上的活動大多為實驗的階段，我們對網路使用者的情況缺

乏真實的瞭解，所以不應該這麼樂觀地看待網路的其他邊際效用。蘇蘅、吳淑俊（1997）也指出，「電腦問卷調查」有一些爭議頗多的缺點，包括：

1.受訪者為特定群體，需具備電腦及操作電腦能力，問卷回覆樣本可能不具代表性。

2.問卷主題將影響作答動機。受訪者對於問卷難易度的判斷，或對主題有無興趣，將影響回答意願（Goyder, 1987），也影響回答問卷時，提供資訊的詳細與否及正確性。

但是在網路實行調查法的確有優點，像是「回收率高」、「節省成本」等（蘇蘅、吳淑俊，1997）。

四　網路調查的實行過程

從決定使用網際網路作為調查工具開始，到最後的資料回收及分析，其完整的過程包括：研究目的的設定、電子問卷的建構、決定使用何種網路形式分派問卷、問卷的前測與網路測試，以及最後的問卷資料回收並加以分析（周倩、林華，1997）。以下就針對各個步驟加以說明（張一帆，1997）。

㈠調查研究目的的設定

這是最重要的工作，每一次調查開始之前的第一步，就是需先清楚明確地設定研究的方向及目的。

(二)電子問卷的建構

先從使用一般的文書軟體做出一份完整問卷內容，其後再由決定使用哪一種網路形式作為調查工具，將問卷製作成此種網路形式可以接受的網路電子問卷。

(三)決定分派問卷的網路形式

目前實作上所經常被使用到的電腦網路調查形式，有下列四種：電子郵件系統（E-mail）、網路論壇（News）、電子佈告欄系統（BBS）與全球資訊網（WWW）。除了獨立的實行之外，也可將這四種形式作結合或是利用「檔案傳輸協定」（File Transfer Protocol, FTP）也是可行的。但由於FTP需要更高的網路知識及技巧，再加上適當的檔案傳輸協定軟體、圖形軟體或全球資訊網瀏覽器，才能完成問卷檔案上傳或下載的工作，因此較少在網路調查中使用。

(四)問卷的前測與網路測試

在使用電話及郵件調查方法中，研究者通常都會在正式調查開始前，先選取一少量樣本作為問卷的測試（Pre-test），用以測試問卷中是否有研究者未發現的問題或答項中有研究者未考慮到之部分。在網路分派形式決定之後，若需進行所謂的前測部分，若選擇以電子郵件方式作為問卷的分派形式，可以選擇一小部分樣本做問卷之前測；若選擇以WWW作為問卷分派之形式，則可在問卷完成後，訂定某一小段時間為前測時間來做問卷的前測。網路調查前測的目的，和一般訪查做前測的目的相同。另一方面，在一般電話或郵件訪查中，並不需對電話線或者郵寄系統做測試，但在網路分派形式決定之後，必須對網路做系統上的測試，確保在問卷調查正式開始之後，系統能夠正常運作。

㈤資料蒐集

　　資料的回收與所回收資料完整與否的檢查，研究者可以透過撰寫程式來完成。不過，如何判定有效資料與無效資料的分別，只能憑調查員個人的決定。

㈥資料分析

　　研究者可以將所蒐集得到之資料，直接透過撰寫程式將資料交由套裝軟體，如：Matlab、Excel、SPSS及SAS等各種的套裝軟體，來進行各種的計算與統計。

2　網際網路問卷之調查形式

　　網路調查的形式，較常為研究者所使用的有四種：網路論壇（Newsgroup）、電子佈告欄（Bulletin Board System）、電子郵件（E-mail）、全球資訊網（World Wide Web）（黃添進，2000）。Sproull（1986）認為，電腦化的網路問卷調查逐漸成為一種普遍的研究方式，因其具有快速（Speed）、非同步（Asynchrony）、不需中介者（Lock of Intermediaries）的特性，可以在最短的時間內發出，任何時間都可以收發訊息，也不需中介人員的處理，大大提高問卷回收率。以下引用張宜慶（1998）所整理之文獻，說明目前網路上幾種主要的調查形式。

一 網路論壇（Newsgroup）

就是網路上的討論區，又可通稱為「新聞群組」。以網路論壇的調查方式，是指將已經編輯好的文字調查問卷刊登在討論區內，讓在此討論區的網路使用者能夠填答此調查問卷，待填答完成後，再使用E-mail將回覆資料寄回調查單位。由於網路論壇具有依各種不同興趣事物而區分獨立討論區的特性，因此調查單位可以依照研究主題，將調查問卷放置在多個具有相關性的討論區內，如此即可針對研究目標特性的網路使用者進行調查，但由於此是將問卷放在公共的網路論壇上，只能被動地等待網路使用者的自願填答，因此無法確定回覆問卷的樣本是否具有代表性，於是就會產生「抽樣」與「自選樣本」上的問題，而這種問題也同樣會發生在利用電子佈告欄系統和全球資訊網進行的調查（Chou, 1997）。

二 電子佈告欄（Bulletin Board System）

現今常被人簡稱為「BBS」，也就是Bulletin Board System的縮寫，是由許多不同討論主題的電子討論區所組成，討論區使用者必須先向電子佈告欄的管理站長申請使用ID，也就是使用者在此網路討論區的身分代號，之後才能在電子佈告欄發表文章，參與討論、聊天、玩遊戲等。電子佈告欄系統通常都有其討論主題的討論區，研究者在做研究調查時，一種方式是依不同的調查主題、選擇不同的電子佈告欄，將問卷貼在討論區中，在討論區的使用者填完問卷以

後，利用系統中回覆到原作者信箱的功能將問卷送回。另一種方式是隨機抽出電子佈告欄系統的使用者，將問卷以郵件方式在電子佈告欄系統中寄發給抽出之受訪者，讓受訪者在填答完問卷後再將受訪問卷寄回給原調查單位，但此種方式必須先獲得所有在電子佈告欄系統中的使用者ID。利用電子佈告欄做調查研究的工具時，和大部分的網路調查法相同，都會有「抽樣」和「自選樣本」的問題需要注意，同時根據先前研究者的經驗，利用電子佈告欄和網路論壇這樣的形式做調查，必須特別注意其使用規則，若不適當地將問卷放置在討論區當中（如重複密集地Post問卷，或是將不相關主題的問卷置於討論區中），可能會引起網路使用者的反感而招至反效果。

三　電子郵件（E-mail）

使用電子郵件作為調查研究的工具，首先必須取得所有受訪者的電子郵件信箱位址，經過隨機抽樣之後，將所編輯好的文字問卷寄給抽出的目標受訪郵件位址；受試者在填答完問卷之後，可以直接寄還給原寄發問卷的調查研究單位。

先前的研究指出，使用電子郵件作為調查研究工具，傳遞的速度較傳統郵件快且成本低廉；利用電子郵件做問卷調查，可以避免掉「抽樣」和「自選樣本」的問題（Holden, Wedman, 1993）。傳統郵件與電子郵件的問卷調查比較中，一開始電子郵件的回覆數目和速度都高於傳統郵件，但隨著時間拉長，傳統郵件問卷回收數目不斷拉高，可是電子郵件回收數目卻停滯不前。雖然如此，此研究中深深相信，未來

利用電子郵件作為調查研究工具必定可以成為未來調查工具的基準（Schuldt, Totten, 1994）。Parker（1992）列出了利用電子郵件做調查方法的優點，包括：節省時間、節省紙張、簡單易用、花費合理、電子郵件不會遺失及可透過多重管道回覆（E-mail, Mail, FAX）。當然，使用電子郵件做調查也是有缺點的，Parker列出電子郵件調查的缺點有：受試者需要擁有電子郵件信箱、受試的目標群體有限、電子郵件系統的相容性問題、某些人可能害怕使用電腦和電子郵件進行溝通；同時，近來由於廣告信和病毒的猖獗，使得電子郵件信箱的使用者對於陌生來源的信件閱讀率大大的降低，這也使得使用電子郵件作為問卷調查的媒介又多了另一番困難。

四 全球資訊網（World Wide Web）

利用全球資訊網作為調查研究的工具，主要和前三種服務形式不同的地方在於：前三種的調查工具，大都以「純文字」的形式將問卷表現在受訪者面前；而全球資訊網的調查研究文卷，則是以「圖形」模式（GUI）展現出來。

電子調查問卷是以HTML（Hypertext Markup Language）語言為撰寫架構，放置在研究人員所架設的網路伺服器上，並配合CGI（Common Gateway Interface）或是ASP（Active Server Page）等網頁程式技巧，來回收問卷調查結果。一般而言，研究人員會利用各種方式通知受訪者問卷所放置的網路伺服器位址，讓受訪者利用網頁瀏覽器（Browser）來填寫問卷；受訪者在填完問卷後，通常只要按下「送出」，就可以把資料傳送到研究人員所架設的伺服器上。由於全球資訊

網的多媒體特性，此種形式的調查問卷可以運用「圖形」和「聲音」表現出問卷內容，問卷設計較純文字介面的調查方法而言，會有較佳的可讀性；但缺點是研究人員需對網頁設計和程式撰寫有較佳的技術與能力，才有辦法架設一個問卷調查網站。

使用全球資訊網作為調查的工具，主要的優點在於其使用跨平臺的圖形介面，使用者不需太多的電腦素養與學習，就可以輕鬆使用點選的方式來做問卷的回答，問卷資料回收後也可以直接利用電腦進行編碼和統計的工作，大大節省了研究人員的時間與人力（陶振超，1997），同時利用全球資訊網還可以發展「調適性」（Adaptive）問卷，意即「問卷內容會隨著答題者所回答的答案而有所改變」，讓受試者在問卷的回答上，不會看到與自身無關的題目，降低答題者的困惑（陶振超，1997；張一帆，1997）。目前利用全球資訊網進行問卷調查的方式逐漸受到重視，因為電子郵件以文字為主的模式，造成調查本身的合法性遭受質疑，受訪者的資訊負荷過重（Sproull, 1986），且回收問卷無固定格式，讓編碼成為一件沉重的負擔（Pitkow & Reckerk, 1995）。可是使用全球資訊網作為調查工具，「抽樣」和「自選樣本」仍是目前環境中最需注意的問題。

表9-1摘要出四種網路形式之間在訊息呈現、問卷調查前準備工作、問卷調查後準備工作、研究者所需具備的電腦知識、使用者網路所需具備網路知識的要求，以及樣本之可推論等各方面加以比較。

表9-1　網際網路調查形式比較表

	電子郵件 （E-mail）	網路論壇 （Newsgroup）	電子佈告欄 （BBS）	全球資訊網 （WWW）
訊息形式	純文字型態，必要時可以附加多媒體檔案	純文字型態，必要時可附加多媒體檔案	純文字型態，必要時可附加多媒體檔案	多媒體訊息（文字、圖形、影像、聲音、動畫等）
網路問卷調查的前置工作	準備純文字形式問卷，並取得完整電子郵件位址	準備純文字形式問卷，並將問卷放到相關的討論區中	準備純文字形式問卷，並將問卷放到相關的佈告欄中	發展CGI或ASP程式來蒐集填答資料，並將編製HTML問卷放至伺服器上
網路問卷調查後所需完成的後續工作	以人工整理，並加以統計軟體分析	以人工整理，並加以統計軟體分析	以人工整理，並加以統計軟體分析	利用CGI或ASP程式，將數據資料庫做分析
調查研究者所需具備的電腦知識	需要具備打字能力及知道如何使用E-mail	需要具備打字能力及知道如何使用Newsgroup	需要具備打字能力及知道如何使用BBS	需瞭解HTML、CGI、ASP之基本程式技巧
使用者所需具備的電腦知識	需要具備打字能力及知道如何使用E-mail	需要具備打字能力及知道如何使用Newsgroup	需要具備打字能力及知道如何使用BBS	需要瞭解如何使用全球資訊資源，也可能用到打字技巧，但大部分的工作透過滑鼠即可完成
樣本之可推論性	若採用「隨機抽樣法」，可以推論到母體	只可推論到受測者本身	只可推論到受測者本身	只可推論到受測者本身

資料來源：黃添進，2000，pp.14-15。

3 網際網路問卷調查優缺點的分析

一 網際網路問卷調查的優點

綜合相關的研究，可以發現「網路問卷調查」的優點如下（Chou, 1997；蘇蘅、吳淑俊，1997；張一帆，1997；張宜慶，1998；轉引自黃添進，2000之綜合整理）。

㈠網路傳遞快速

由於網際網路是以數位資訊化的方式傳遞，因此利用網路作為調查媒介的電子問卷可以快速地傳送到使用者的手中。不管是受訪者收到電子郵件之受訪問卷或登錄至伺服器上填答問卷，都只需要短暫的時間即可完成，而且在受訪者填答完問卷之後，調查員也能夠在很短的時間內就收到回覆問卷資料。Mehta與Sivadas（1995）的研究發現，有一半以上的電腦網路問卷在問卷發出的第二和第三天就回收，而傳統的郵寄問卷則持續回收了三星期才到達一樣的數量。

㈡調查成本低廉

傳統的紙張型問卷調查，必須花費大量的金錢在於列印紙張問卷、僱請調查人員費用、郵寄問卷費用或電話調查費用。但應用網際網路作為調查的工具，不僅可以降低調查人員成本，也可以節省列印問卷及電話等其他花費。而在網路

問卷調查完畢後，還可經由複製／貼上的方式，快速地將問卷的資料輸入進SPSS統計分析軟體中，大幅減少了調查後運用人工作問卷資料的輸入時間與開支花費，而且還可以減少人工輸入問卷資料的錯誤情況。

(三)掌控傳遞狀況

現今全球資訊網的網路問卷系統，都設計有可即時顯示問卷傳遞狀況的功能。若調查問卷傳遞的過程中出現錯誤時，網路使用者都可以馬上知曉錯誤狀況已經發生。比方說，當受訪者在全球資訊網的網路問卷系統裡填答完成按下傳送鍵之後，但伺服器上的回傳程式執行發生問題，導致資料回傳失敗，這時網路瀏覽器就會發出一個錯誤訊息告知使用者，使用者就可以馬上重新再傳送一次問卷資料；若是以電子郵件作為調查工具，當電子郵件投遞失敗時，大多數的系統都會馬上將傳遞失敗的訊息回傳給送信者，研究者就可以清楚得知問卷傳遞的情況，進而修正錯誤的電子郵件地址再次投遞，或是以其他樣本來代替此樣本。

(四)任何時間、地點都可回答

使用網路調查，可以完全不受時間與地點的限制。不論何時何地，只要受訪者有電腦即可上網進行填答；受訪者可以依自己的作息與時間，自由決定何時要接受調查，因此完全不用擔心會影響到受訪者的生活；而且網路調查還可以克服時差問題，適用於不同時區的國家做跨國性的調查。

(五)回答具彈性

網路調查的受訪者在接觸到網路調查問卷之後，受訪者可以依自我意願來選擇在任何時間來完成這份問卷，因此可

以給予受訪者很大的回答彈性。但在電話調查的方式中，受訪者必須在接觸電話訪員的同時，記住問卷的答項且馬上做回答，如此可能會給受訪者過多的壓力或沒有時間好好思考，而使得作答情況可能會出現非預期內的誤差。另外，相對於傳統郵寄調查，受訪者在填答完問卷之後，需要自行將問卷寄返調查單位的手續常令人感到不方便，而在網路問卷調查中，則可以輕易地直接在網路上進行問卷資料的回傳，大幅減少受訪者回傳問卷的不方便。

㈥大量節省紙張

由於網路問卷調查是「數位化的電腦問卷」，可直接在電腦網路上呈現，不需要使用紙張來列印，與傳統的調查比較起來，可大量節省紙張上的花費，以環保的觀點來看，更是值得鼓勵的調查方式；另外，在資料的保存上，運用數位科技來儲存資料，也比用紙張保存來得更節省空間與安全。

綜合而言，網路調查的優點為傳遞速度快、節省成本、無回答時間和地點限制，以及有彈性的回答問卷問題空間。整理許多學者的研究，多數皆對未來網路調查發展表示肯定。

二 網際網路問卷調查的缺點

網路調查在目前的環境中，仍然有許多的缺點。以下引用黃添進（2000）所整理之文獻，將主要的缺點列示如下。

(一)受訪者為有使用網路的特定群體

使用網路調查的受訪者，必須擁有可上網的電腦設備及訂購網路服務。Nielsen（1995）的研究曾指出，擁有較高社經地位和較好的教育程度者，較有可能訂購網路服務。Atkin & LaRose（1994）也提到，會回覆電子問卷者，也多是較年輕、較高收入和較高教育程度者。因此，在進行研究調查前，應先確定研究主題所設定的受訪者目標族群，是否適合運用網路調查。

(二)易出現技術性的問題

網路調查是架構於電腦設備與網路系統上，若電腦網路出現了技術性的問題，則網路調查也會同樣被影響而產生問題。如在語系方面，每個國家的語系都不同，使用網路調查對不同語系的國家進行調查時，有可能發生電腦語系轉換上的問題而產生文字亂碼，使得問卷內容無法讓受訪者辨讀。另一方面，則是由於現今電腦軟體的進步極快，但並不是每個網路使用者都會使用最新的軟體，若問卷設計者應用新軟體的技術來設計網路問卷，有可能會面臨到受訪者的軟體太舊而無法正確顯示出網路問卷內容的情況。

(三)人為因素與問卷主題會影響作答動機

受訪者的人為因素，也很可能會影響網路調查而產生研究限制，如受訪者的電腦使用經驗、打字技巧和電腦憂慮，都可能導致作答時的偏差（Parker, 1992）。而問卷的主題是否吸引受訪者、受訪者對於問卷難易度的主觀判斷或對主題有無興趣，也都將影響受訪者的回答意願（Goyder, 1987）。

㈣網路調查人員要有相當的網路技術

應用網路調查的研究者，必須具備能設計網路問卷的程式語言撰寫技術，以及要瞭解網路調查的問卷傳輸方式、問卷回收的檢查方式，以及後續將網路調查資料轉檔成適合統計軟體所用的操作方式，所以，想使用網路調查的研究者必須具備相當程度的網路技術。

㈤問卷回覆樣本可能不具代表性

由於使用網路問卷調查，除了以受訪者的電子郵件位址進行隨機抽樣的調查方式之外，通常所蒐集的資料都是來自選樣本的填答，因此在大部分的狀況下只能描述填答問卷族群的特質，而無法將之推論到母體（張宜慶，1998）。雖然採用電子郵件的調查方式可以應用「隨機抽樣」的方法，但仍需要考慮到願意回覆問卷的受訪者是否都是習慣使用電腦網路的特定族群。

三　可能影響網路問卷與紙筆問卷產生差異之原因

從1980年代中期開始，心理學研究問卷「電腦化」（Computer Administration）漸漸變得普遍（Bertram & Bayliss, 1984）。研究起初的出發觀點是認為，透過電腦實施問卷作答，也許能夠減少或抵消社會期望性偏誤，降低個體印象整飾和管理的意圖及傾向（Martin & Nagao, 1980）。在一些自陳式（Self-repost）態度或人格測驗中，如心理學測驗、調查或問卷，「社會期望反應偏誤」是一種普遍存在

的問題（Murphy & Davidshofer, 1991）。而與紙筆施測相比，電腦問卷則有助於降低「社會期望的偏誤」（Rosenfled, Doherty, & Carroll, 1987）。就整體來說，以下引用陳清暉（2001）所整理之文獻，來說明會造成網路問卷與紙筆問卷可能產生差異的原因。

(一)作答情境的差異

網路問卷與紙筆問卷的問卷形式和調查方式，是很不一樣的。在網路問卷中，受測者不會接觸到調查者，調查者也無法觀察到受測者，因此可以排除社會人際因素的影響，如彼此的外貌、個人特質、社經地位等，其中最重要的是，調查者對於受測者在作答時的情境也一無所知，所以網路調查可提供受測者一個隱身匿名的作答情境，因此在某些研究議題方面，如性、酗酒、吸毒等，若能夠隱身匿名，受試者比較能擺脫社會規範的約束，更願意自我揭露（Self-disclocure）而提供誠實正確的答案。

(二)社會期望反應

這是指受測者在回答問題時，不依問題內容做出真實反應，反而以社會上的期望標準來作答所產生的作答偏差（Response Bias）。這種作答情況，會使得研究者不能得到真正所要獲得的資料。會引起這種作答偏差的原因，通常是受測者受到作答情境的壓力（如作答時間短促或害怕答案被公開）而產生一種暫時性的作答偏差反應，進而影響了受測者的問卷表現，以致於無法準確測量到所要觀察的真實現象。

社會期望反應是被研究最多的一種作答偏差，指受試者傾向於給予使自己看起來很體面的答案（楊中芳，1997）。

至於受測者在網路問卷的社會期望反應傾向是否比紙筆問卷低或高，目前仍未有明確定論。

(三)電腦焦慮

網路問卷是以操作電腦來進行作答，而紙筆問卷則是以紙張與筆進行手寫作答。相較於人使用紙筆的歷史，電腦仍然是一種新的工具，隨著現今電腦的普及，勢必會對某些對電腦不甚熟悉的人帶來衝擊和影響。比方說，在電腦早期發展的1970年代，那時就有研究發現，人們對於電腦科技含有一些負面的心理反應及一些生理變化（Rosen & Weil, 1995）。這種現象就是所謂的「電腦焦慮」。Jay（1981）認為，「電腦焦慮」包括：害怕電腦、對電腦感到焦慮、拒絕談論或是思考電腦相關的事情、對電腦有敵意。Heinssen等人（1987）將「電腦焦慮」定義為：「個體對於電腦的抗拒、逃避、恐懼、敵意、擔心等比較情緒化的反應。」莊雅如（1995）定義「電腦焦慮」為：「個體使用電腦時，所引發之認知、情感、生理與行為上的反應。」「電腦焦慮」可能會影響到使用者操作電腦所進行的活動表現。以前曾有研究指出，在電腦化測驗中，受試者的焦慮情緒比較高（Hedl, O'Neil, & Hansen, 1973）。因此，「電腦焦慮」是有可能會影響受測者在電腦化的網路問卷表現。

4 實例研討

範例1：中華電信研究所

目前臺灣的網路問卷調查服務業正處於萌芽階段，以中華電信研究所提供的網路問卷調查服務為例，依其功能可分為：

(一)**問卷編輯**

內含「新增／開啟問卷」、「問卷屬性設定」、「問卷題目編輯」、「問卷跳題設定」、「樣本條件設定」、「預覽／建立問卷」等子功能。

(二)**問卷填寫**

內含「可填寫問卷列表」、「各個問卷系統的填寫連結」、「檢視問卷填寫的情況」等子功能。

(三)**問卷統計**

輔助問卷建立者能夠即時查閱目前問卷回收資料的情況，以及檢視個別問題的答題情況或是交叉分析，並可依研究或分析的需要，設定問卷題目各選項不同的編碼，輸出時將會以所設定的編碼來取代原有的選項名稱。

(四)問卷管理

　　輔助系統管理者調整系統狀態值和維護問卷狀態的工具。

(五)寄發問卷

　　設定與寄發具有自動回傳受訪者填寫資料之E-mail。

　　另外，該系統的使用者由系統循序導引，由「新增／開啟問卷」、「問卷屬性設定」、一直到「預覽／建立問卷」進行問卷製作，繼而透過寄發問卷、問卷管理、問卷統計等功能完成問卷發行、回收、統計分析等工作。

　　規劃完善的網際網路經營模式，是獲取領導市場的不二法門，同時更是賺取更多利潤的踏腳石。目前常見的經營模式，依網站服務功能可分為九種（Rappa, 2000）：

　　1.經紀模式（Brokerage Model）

　　2.廣告模式（Advertising Model）

　　3.中介者模式（Infomediary Model）

　　4.經銷商模式（Merchant Model）

　　5.製造商模式（Manufacturing Model）

　　6.結盟模式（Affiliate Model）

　　7.社群模式（Comunity Model）

　　8.訂閱模式（Subscription Model）

　　9.計費模式（Utility Model）

　　以國內中華電信研究所提供的網路問卷調查服務經營模式而言，是採用計費模式，依使用者消費的服務量來計費。

範例2：德菲法（Delphi）

面對面的會議中，與會的成員容易受到各種不同的壓力（如高階主管的壓力、同僚間的競爭等）所限制，使得群體往往未經充分討論而做出倉促的決策，以致於造成執行上的困難，甚至引來不必要的危機。

「德菲法」是在1953年由Daleky和Helmer所提出，是一種透過特定程序和步驟，整合專家們的意見，進而獲取共識的方法，亦是一種用以預測未來事物的集體決策技術。

「德菲法」最早於1950年代被應用在軍事事件預測方面，其主要的目的在於獲取專家們的共識、尋求專家們對特定問題之一致性意見。此法是以問卷或其他溝通管道（如電腦終端機連線、網際網路等）來進行，所以，參與的專家可在隱密的環境中，依其專業素養及自我認知充分地表達本身的意見。因此，此法不僅具有集思廣益之效果，亦可得到專家獨立判斷之品質（張宜慶，1999）。

德菲法的主要特徵有：

㈠匿名性

在使用問卷或其他正式的溝通管道（如線上電腦溝通）時，可減少具有支配權力之參與者對其他人的影響。

㈡控制的回饋

在連續幾個回合中引導施行，並在每回合施行後給予參與者一份結果的摘要。

㈢統計的群組回應

使用統計來解釋參與者的回答，可減少為了達到一致性所形成的群體壓力。雖然在最後一回合的施行中可能仍有顯著而分散的個人意見，然而更重要的是，經過統計後的群體回答是一種保證在最後的回答中，群體內每個成員的意見皆能夠被表達出來的方法。

傳統「德菲法」是進行多回合的專家調查，首先必須由一決策者居中籌畫、擬訂問卷並彙整專家意見，直至專家意見趨於一致為止，其進行步驟如圖9-1所示：

1.選定對預測問題學有專精之專家為問卷訪問者。

2.設計問卷，進行第一階段問卷調查。

3.彙整第一階段問卷調查之專家意見，找出專家意見評價之中位數及中間50%意見。將此彙整資料，分別請每一位專家參酌答覆、補充修正。

4.整合專家修正後之意見、說明或答辯。

5.檢定專家意見是否收斂於一可接受之範圍中。

6.若無法達此目的，則再重複步驟 3.至 5.，直至找到趨於一致之結果。

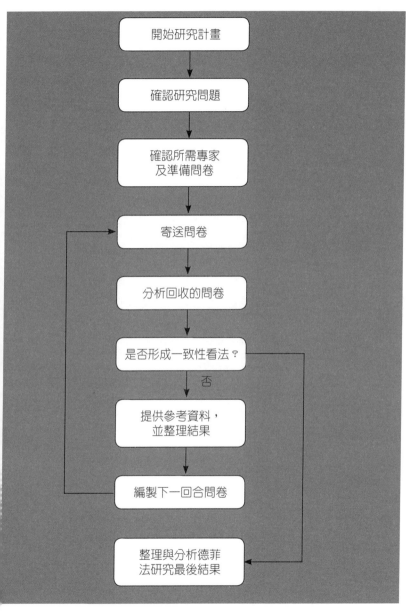

圖9-1 傳統德菲法進行步驟圖（Riggs, 1983）

第十章

商圈調査

CHAPTER 10

1 零售商業發展過程

一 國外零售商業發展概況

　　以國外的零售業發展經驗來看，如圖10-1所示，在其時序流程中，舊式雜貨店為最早興起的零售業雛形，其發展漸漸走進衰退期，至今已無法與其他新興零售業競爭。之後的百貨公司、超級市場、便利商店、精品專門店等，其市場規模目前處於成熟期，民眾已普遍習慣此消費模式，但相對地，其消費規模與品牌占有率已大致定型，發展空間也較有限。批發倉儲與量販專門店，是之後興起的零售業模式，市場規模分別處於整合期與成長期，其消費金額成長快速，而各企業系統也正處於整合階段，紛紛積極擴張版圖，以搶奪領導品牌地位。而目前尚屬新興期的大型購物中心，興起時間雖較短，但成長極為快速，已迅速成為民眾消費購物的最佳去處；以美、日的統計資料來看，其購物中心全年營業額分別占全國零售總額比例的55%及16%，占有舉足輕重的地位。

　　由美、日的零售業發展歷史印證，臺灣地區在經歷過零售店、百貨公司、便利商店、批發倉儲、量販專門店的發展之後，大型購物中心將可望成為未來極具消費潛力的新興商業型態。

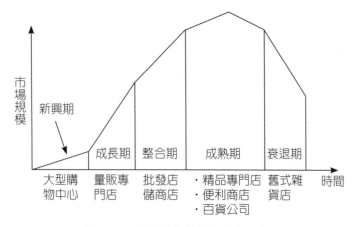

圖10-1　國外零售業發展演進示意圖

再由國民所得與商業發展之相關關係方面來看，由圖10-2可看出，隨著國民所得的提高與時代的演進，零售商業業態逐漸由百貨公司、超級市場、便利商店、量販店而發展至購物中心，此發展分析也與前述之發展趨勢大致相符。由此發展趨向來看，目前我國年平均國民所得已超過12,000美元，早已超越大型購物中心開發條件之門檻。

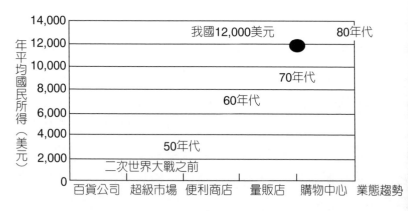

圖10-2　零售業態趨勢與年平均國民所得之相關性

　　由於美國為購物中心的濫觴地，其購物中心已發展多年並出現許多不同的商場類型，而土地廣大的美國，其商業發展也與地窄人稠的亞洲地區多所不同。

表10-1　美、日購物中心規模比較表

種類		鄰里購物中心	社區購物中心	區域購物中心	休閒購物中心
租賃面積(坪)	美	1,500	4,000	6,000	1,500
	日	1,000～3,000	3,000～5,000	5,000～10,000	3,000～10,000
土地面積(坪)	美	10,000	40,000	60,000	70,000
	日	2,000	5,000	10,000	10,000以上
主力種類	美 大型	超級市場、藥品雜貨店、家庭工具中心	百貨公司、折扣商店、量販店、超級市場	量販店、百貨公司、折扣商店	量販店、百貨公司、折扣商店
	美 中型	郵購中心、咖啡店	郵購中心、速食店	超級市場、速食店	超級市場、速食店
	日	超級市場、郵購中心、雜貨店	折扣商店、家庭工具中心、百貨公司、超級市場、雜貨店	折扣商店、百貨公司、超級市場	折扣商店、量販店、超級市場
專櫃店數		10~30	20~40	40~130	100以上
停車場容量		50~100	100~400	500~4,000	2,000以上
商圈	時間	10分以內	15分以內	20分以內	25分以內
	人口 美	5,000人以內	30,000人以內	50,000人以內	100,000人以內
	人口 日	2,000人以內	50,000人以內	100,000人以內	200,000人以內

二 臺灣購物中心市場發展契機

目前可發現，臺灣地區已出現有利購物中心市場發展的種種契機：

1.百貨業發展已進入成熟期階段，其成長漸趨和緩，預期現有業者之競爭將更趨激烈，也提供了購物中心藉此紛亂而得以切入市場的機會。

2.印證先進國家之零售商業發展歷史，購物中心之開發為百貨業飽和後之演進趨勢，預期臺灣地區發展購物中心之時機來臨。

3.週休二日制度的實施，國民休憩時間增加，預期將帶動休閒生活與空間的需求。

4.我國年平均國民所得提高，已超越購物中心之設立門檻。

5.大型化、休閒化百貨商場成為市場新寵，新的百貨公司逐漸走向類似購物中心之寬敞明亮、注重公共空間特性的趨勢。

6.隨著所得與教育程度的提高，消費者對於購物品質日漸重視，對於商場機能的需求也趨向多樣化，購物中心的開發適可滿足此項要求。

7.臺灣地區目前有多項工商綜合區及購物中心開發案已陸續開始，藉著各式宣傳與報導，將可提高民眾對於購物中心的接受度。

三 商店街概念

隨著經濟的快速發展，年平均國民所得的大幅提高，消費需求的逐漸改變，以及行業型態的調整，使得國內消費結構改變，而整個商業環境亦應隨著消費環境的改變，全面提升服務品質。

「商業」是生活的一部分，亦是生活的表徵，而商業環境更是國家形象的表現，今日要吸引外人來華投資，必須先建構良好的商業環境，才有客觀條件及誘因。然而，商業環境的改善為一長期性工作，過去因缺乏策略性規劃及階段性實施步驟，故無法呈現整體效果。隨著年平均國民所得的提高、消費型態的改變，商業環境亦亟待轉型；而今日傳統零售業者也正面臨綜合零售業所具備商品多樣化、經營型態大型化、現代化及連鎖化所帶來的衝擊。根據統計，綜合零售業在1991年以後，營業家數迅速增加；1992～1996年，營業家數年平均成長率高達13.35%，不僅比1987～1991年之8.24%成長率更為快速，且與同時期之零售業年平均成長率1.55%比較，更顯出綜合零售業之蓬勃發展。

所謂「商店街」，是一種商業屬性的聚集體，是由多數的中小零售業者（包括部分的服務業者）所組成，緊密地聚集於一定的地區所形成之「商業聚集體」，並發揮因商店聚集所產生吸引顧客的相乘效果。

狹義的「商店街」字面解釋，則是由多數「商店」聚集而成的「街」。但由於商業的型態隨著消費者的需求變化及應用技術的進步，「商店街」中「街」的意義已不再是單純地表示「條狀」的店舖聚集型態，而發展成區域「塊狀」、

上下「立體」或「地下化」等型態。「條狀」只是商店街發展的原形或基本形，故以現在的商業發展型態來論釋「街」的意義時，「街」所代表的意義是商店的「複數」、「多數」或「聚集體」的意思，並不表示單純的「條狀」的店舖聚集方式。

若依聚集體的業種結構來分類，基本上可分成：高豐富、多業種的「綜合購物商店街」；以民生用品為主的「生活用品商店街」；觀光、電氣、飲食等同一業種的「特殊專業業種商店街」三類。因此，所謂「商店街」的定義，是廣義包括各種型態的「商業聚集體」，業種結構亦廣泛包括各種業種，並無特定的業種。

(一)商店街的機能

商店街的最高目標是塑造一個「生活交流廣場」，所以商店街內的業種及業態之構成，必須要能因應商圈內消費者的需求，並發展出自己的特色。這與商店街內的成員是否能安定成長有重要關係，因此，商店街整體若能發揮「商品」、「資訊」、「環境」、「便利」、「文化」之機能，便能創造店舖群體的繁榮。

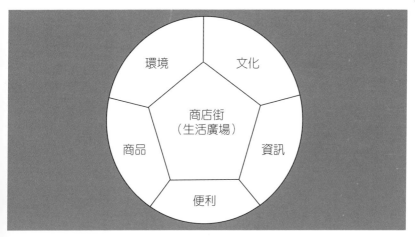

圖10-3　商店街之機能

(二)商店街所創造的綜效（**Synergy**）

　　商店街的構成主體，是由一群密集存在於同一區域的零售、服務業所組成的，隨著它的發展過程，商店街可能因繁榮而不斷擴大或延伸。這麼多的商店聚集在一起，所產生對消費者的吸引力遠超過個別店舖，能充分發揮「集客」的效益，同時創造其他的綜效：

1.減少共同成本

　　清潔、公共設施、商品進貨、共同促銷等，均可透過共司合作方式完成，由商店一起分工運作。

2.改善消費環境

　　透過共同的環境維護管理，將可大幅改善目前現況。此外，配合公共設施及空間的利用，將可提高消費者購物的滿意度。

3.塑造整體形象

共同管理制度及空間設計,可以創造出街區獨特的風格,增加競爭優勢的基本條件,吸引更多的顧客、提高營業額。

4.創造其他資源

具良好空間的商店街,將可讓更多的社區、文化、展示、節慶等活動參與,可開發潛在性顧客,並穩定現有的客源。

四 典型商圈的發展過程

國內商圈的發展多是由於「人口聚集」及「交通動線」二大背景因素而自然形成,因此多為沿街發展的型態。而無論是人口的移動或交通動線的改變,都足以促使另一個新興商圈的產生及原有商圈的沒落,但缺乏管理、設施不足、環境髒亂等因素更加快原舊商圈的老化速度,而面臨廢存的危機。沒落的舊商圈可透過地區的再造而振興起來,硬體的更新固然重要,其配合的軟體經營管理亦不可缺乏,才能達成預期效果。商圈發展過程如圖10-4所示:

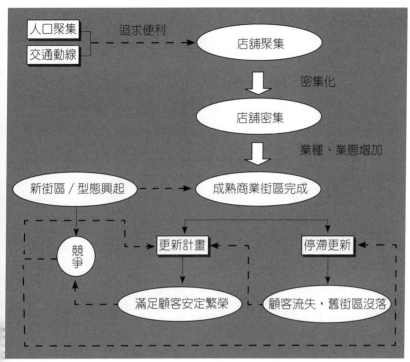

圖10-4　商圈發展過程

　　政府有鑑於改善商業環境工作之重要與迫切，經濟部已自1999年度起推動「改善商業環境五年計畫」，預定在五年內投入六億三千萬元經費，建立一套完整推動機制，讓中、小零售業者自行組合起來，自主性地改善商業經營環境，並透過組織化的輔導，建立共同經營、共同參與的理念，再配合地方建設之硬體工程，全面推動此一浩大工程。經濟部改善商業環境五年計畫內容與範圍架構，如圖10-5所示：

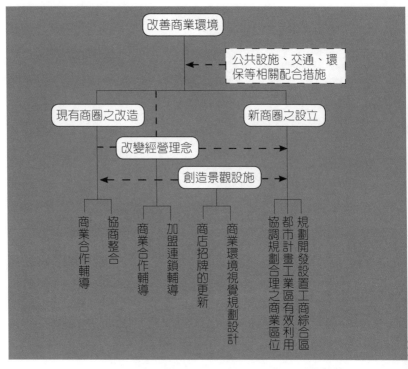

圖10-5　改善商業環境五年計畫內容與範圍架構圖

2　商圈市場調查

　　「商圈市場調查」是應用於市場決策的一種科學方法，係以專業性、系統性的市場調查，來探討競爭者來店客的人潮與消費特性。以來店率之方式設定店的商圈，最後依據競爭者相關商情結構與市場調查的結果，運用系統化及科學化之方法，預估店合理的營業額。其作業程序如圖10-6：

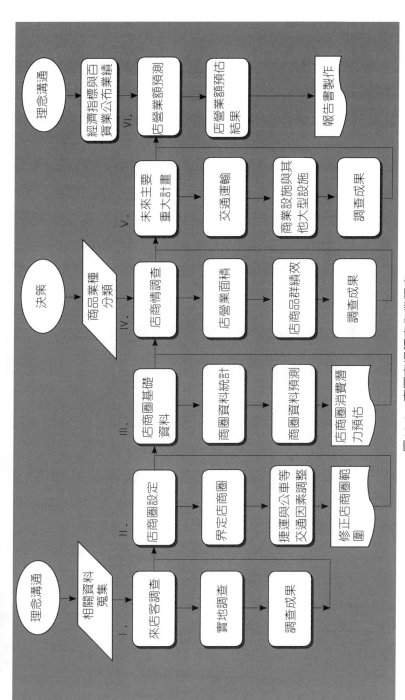

圖10-6　商圈市場調查作業程序

　　藉由來店人潮、車潮，以及消費者問卷的調查，瞭解本商圈現有的消費型態與主要客層，以作為營業額推估的參考基礎。

　　1.來店客人潮調查作業：係為瞭解商圈來客情形，協助問卷調查，並作為預測未來營業表現的參考。

　　2.調查目的是為了瞭解特定時間內，店行人活動數量及聚集、離散情形，以推估基地未來可能產生的消費人潮，並據此作為基地相關規劃事宜的參考。

　　調查流程圖如圖10-7所示：

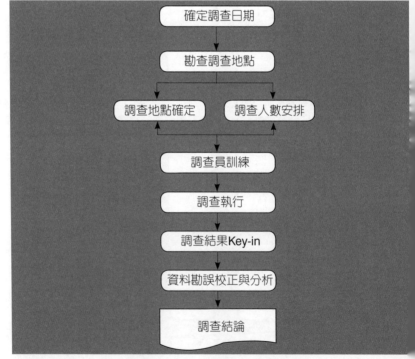

圖10-7　人潮調查流程圖

二 商店圈設定

　　以來客調查結果為基礎，設定商店圈，並考量交通狀況，確定店範圍涵蓋部分。其作業流程如圖10-8所示：

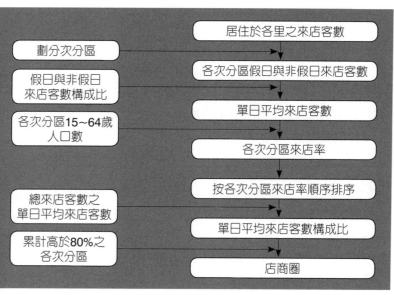

圖10-8　商店圈設定流程圖

三 商店圈基礎資料調查

　　根據商店圈劃定結果，就商圈內人口統計、商圈內年齡分配統計、商圈戶數統計、商圈每戶相關性消費支出GAFO金額統計、商圈每戶所得金額統計與商圈消費潛力預估。

㈠商圈戶數統計──複利方法

　　所謂「複利方法」，係為「指數」（Index）之一種，以某時點的數量為基礎，而得到另一時期之比率。

實 例

1. 以信義區為例，過去四年（1996～1999年）歷史資料為：

   $H_{1996} = 14,631$；$H_{1997} = 14,895$；$H_{1998} = 15,195$；$H_{1999} = 15,287$

2. 以複利求出年成長率A：

   $14,63 \times (1+A)^2 = 15,287$

   $A = 1.47\%$

3. 計算2003年信義區戶數為：

   $15,287 \times (1+1.47\%)^3 = 16,208$

㈡商圈每戶GAFO金額統計，相關消費（GAFO）之定義

　　由於消費性支出之項目涵蓋範圍頗廣，一般在分析購物中心之消費潛力時，通常僅考慮與購物中心相關之消費支出，即國外購物中心推估消費額度之重要指標GAFO（指與購物中心消費品相關之支出金額），作為推估購物中心未來營業額及地區消費潛力的基準。茲說明GAFO之定義如下：

　　1. General Merchandise：一般性商品，如食品飲料、飲食等。

　　2. Apparel and Accessories：飾品、男女裝等。

　　3. Furniture and Home Furnishings：家具及家庭設備。

　　4. Others：其他。

　　依據上述說明，GAFO為民眾主要花費在購物娛樂等活動的費用。依現有家庭消費支出項目，與GAFO有關之項目，包括食品、飲料、煙草、衣著鞋類、家具設備、娛樂服務、書報雜讀、娛樂場所飲食、人身保養等項，各項目之詳細內容請參考表10-2，而根據GAFO之項目推算商圈內民眾之消費潛力。

表10-2　每戶家庭GAFO所包括之項目

項　目	內　容
食品	1.主食品、2.副食品、3.乳酪類、4.水果類、5.其他、6.婚生壽喪祭宴費
飲料	1.非酒精性、2.酒精性
煙草	金龍牌、寶島牌、總統牌、長壽牌及其他公賣局出品之各種酒類及進口洋酒
衣著鞋類	1.衣著類、2.鞋襪及雜用品
家具及家庭設備	1.家具設備、2.家用紡織類用品、3.家庭耐久設備、4.家庭其他用具
娛樂消遣服務	1.運動相關費用、2.其他娛樂消遣
書報雜誌文具	書報雜誌文具
消遣康樂器材及其附屬品	消遣康樂器材及其附屬品
人身保養及整潔	人身保養及整潔
餐廳舞廳等場所食品飲料菸酒	餐廳舞廳等場所食品飲料菸酒

資料來源：行政院主計處，1999年10月。

四　商店資訊調查

　　主要分為各樓層營業面積調查，以及各業種之年營業額及營業績效調查。

表10-3 各商品群分類內容表

部　別	内　容
男裝	紳士休閒服飾、男士内睡衣、高級西服、國際名品、少男服飾、襯衫
男裝／飾品	男鞋、皮件、男士雜貨、旅行用品、領帶、配件、襪帕、香水
女裝	品牌休閒服、流行少女服、少女内衣、進口名牌服飾、國際設計師副牌、國產少淑女服、流行設計少淑女服、中國服、加大尺碼服、高級休閒服、國際品牌、内睡衣、日本品牌
女裝／飾品	流行飾品配件、流行少女鞋、新潮流行背包、化妝品、皮件、女鞋、襪帕、香水、流行雜貨配件、傘
男女休閒服	中性休閒服飾、牛仔服飾
精品BOUTIQUE	國際名品區、精品服飾
珠寶飾品	珠寶、金屬飾品
童裝／嬰兒用品	兒童流行服飾、童鞋、孕婦及嬰兒服飾用品
運動用品	運動休閒用品、泳裝、運動鞋
趣味／雜貨	文具禮品、CD、書局、生活雜貨、玩具
家具／室内設計／寢具	寢具、室内紡織、室内家飾
家庭用品	家電用品、衛浴用具、廚房五金、廚房鍋具、瓷器
食料品	生鮮超市、進口食品、花茶、糕點、外帶食品、本地名產、菸酒、麵包坊、休閒食品
餐廳／COFFEE SHOP	美食街、咖啡店、喫茶店、餐廳、冰品冷飲
其他	藥房、修改室、6樓文化會館、其他各樓層活動花車

表10-4　百貨公司店營業坪效調查表

商品群名稱	年營業額（仟元）	營業額構成比	賣場面積（m²）	賣場面積構成比	每1m²賣場面積的年營業額（仟元/m²）
男裝					
男裝／飾品					
女裝					
女裝／飾品					
男女休閒服					
精品BOUTQUE					
珠寶飾品					
童裝／嬰兒用品					
運動用品					
趣味／雜貨					
家具／室內設計／寢具					
家庭用品					
食料品					
餐廳／COFFEE SHOP					
其他					
總賣場面積					
專櫃營業額小計					
非專櫃營業額小計					
營業額合計					

3 選店考量因素

一 基地立地條件與社經資料分析

(一)基地區位條件

以基地區位示意圖，描述基地區位交通、車程等條件，如環亞百貨位居南京東路、敦化北路二大主要交通幹道之交口處，處於環亞商圈之核心地點，鄰近復興北路、敦化北路與民生東路二大高級辦公圈，基地位屬臺北市松山區，緊臨臺北巨蛋體育館，距離松山機場僅需3分鐘車程，至松山火車站約需10分鐘車程，約20分鐘車程即可到達臺北車站。

(二)基地聯外交通系統

基地四周的交通系統是否完善，無論是海、陸、空運，其聯外交通是否便捷，而基地與都市近郊等地之連接，是否亦均有便利之大眾運輸系統提供通勤者便利之交通，均是基地考量的因素。茲分述如下：

1.現有交通體系

(1)公車系統

公車網路系統是否便捷？基地是否為附近上班族重要的

公車轉運中繼站？公車是否提供連接市區與市郊之便利交通？

(2)快速道路系統
基地鄰近是否有高架快速道路或高速公路？

(3)捷運系統
附近是否有捷運系統？腳程幾分鐘？均是考慮重點。

(4)鐵路系統
順著基地旁至鐵路車站，是否快速便利？

(5)空中運輸系統
機場與基地距離，影響旅客的接觸性與流動性。

2.未來交通計畫

基地附近未來交通計畫，影響選店甚大，尤其逐年完成的時間表及改變商圈生態，不可不注意。

二 商圈發展現況與商圈範圍界定

(一)商圈發展現況

商圈內之主要商業活動及其代表業種，以商店之家數作為基數，即可約略謀得商圈之發展趨勢。如環亞商圈之發展為典型的辦公商圈，若以復興北路、南京東路、敦化北路及

長春路之範圍為界，商圈內之主要商業活動以百貨服飾業及餐飲業為代表業種。其業種比大致為：餐飲業約占52%，服飾業約占14%，百貨業約占7%，飯店業約占7%，娛樂業約占3%，其他占17%。

(二)**商圈範圍界定**

商圈範圍係指零售設施吸引消費族群的可及特定地理範圍。一般來說，商圈範圍受到下列因素所影響：

1. 人口聚集程度與居民消費屬性。
2. 既有零售型態及未來開發規模、型態及特性。
3. 河川、鐵道等天然或人為障礙。
4. 與各地區之距離與行車時間。
5. 區域與當地交通連絡方式、未來交通改善計畫。
6. 限制消費族群移動之心理障礙。
7. 競爭者的強度與所在區位。
8. 可提供使用之公共交通運輸工具與便利性。

4 競爭店的調查[1]

一 調查內容──依照業種特性擬訂調查內容

一般來說，商店的基本戰力可分為：立地力、店舖力、商品力、服務力和銷售力；而且可以細分，如服務力又可分為：人員、設施、資訊等；商品力又可分為：組合、分類、配置、陳列、價格等；再細分下去，人員的服務又可分為：禮儀、速度、應變及可靠度等。

每一業態側重的項目不同，每一競爭店在各項目表現的強弱也不同；調查可以普查，也可以就重點深入。譬如業態側重商品力的調查時，就不妨加重競爭店商品組合的幅度、深度及賣場分類的方式做仔細的記錄；某競爭店人員販售能力特強，不妨實際去購買商品，出一些問題考驗，直接感受現場訊息，必能採取更適當的對應。

此外，競爭店的新做法也是調查重點，不論是動機、手法或顧客反映也都要深入。「舊案新推」也值得注意，往往代表過去有相當的成效。

如果競爭店是中小企業，對經營者的背景瞭解相當重

要，不但可以知現在，還可以推未來。畢竟店的表現，就是他腦子裡的想法，但這一點很容易被忽略！

調查內容一旦明確，最好能規劃成表單，便於有系統的記錄和整理。

二　調查方法——進入競爭店實地訪查是最佳策略

最主要的方法，當然是進入競爭店實際觀察了！但是，要切記觀察的敏銳要像個有企圖心的競爭者，不過觀察的角度卻要歸零為顧客，以顧客的喜惡來審視競爭者的作為，給予其評價。

調查時的穿著舉止都要像顧客，隨手可拿的資料如促銷海報、產品說明書、樓面配置圖不要忘了拿上一份。不妨適時買一、二件小商品，不但看起來更像顧客，還可偵測一下服務態度或人員對商品知識的瞭解。

如果要計量或較仔細的資料，不妨準備計數器、小型錄音機或照相機。不過，在店內使用這些器材時，要注意入口處有無禁制的規定。縱使無禁制規定，使用時仍不宜明目張膽，宜有節制，以免引起誤會或糾紛。若無法使用輔助器材，可採用多頻度、多人次、少時間，出店鋪後再迅速記錄的方式來補強。不過，依筆者經驗，多數的場合「耳目並用」及「心領神會」，應可以達到預期的目的。

除了入店調查外，在店外訪問顧客或訪談離職員工，以取得的資料和其他調查來的資料相比對，也不失為參考的依據。若競爭店為知名企業，從報章雜誌上蒐集資訊，再至現

場比對實際做法，更為直接有效！

三 調查時機——一般調查應定期間隔，特定項目則視時機為之

　　一般的調查應以一定的時間間隔定期為之，特定項目的調查則應視時機為之。除此之外，下列時點亦可為重要參考：

- ・競爭店再開店時。
- ・競爭店進行促銷時。
- ・競爭店更換經營者或店長後一段時間。
- ・自店促銷活動前。
- ・自店業績有較大變化時。
- ・自店採取重大措施前。

　　進入競爭店調查的時間，以其業務繁忙時段較佳，除了較不引人注意外，可蒐集的資訊也較豐富。但若希望與現場人員聊天作為獲取資訊時，自宜選擇生意較清淡的時間；若調查的重點為人員服務時，可選擇剛開店或將打烊的時刻。

四 調查結果——詳實記錄並做多方位思考

　　調查的結果除了應詳實記錄外，更不應束之高閣。資料經分析過後，應該做以下思考：

- ・競爭店的缺點，要檢討自店是否有類似的情形。
- ・競爭店的優點，屬基本條件面的，如明亮、親切等，

當然自店要參考改進。

・競爭店的優點，屬策略面的，如價格及商品，不應一味模仿，應考慮本身資源條件，再予以因應。

・若與競爭店間有共同優點時，應設法予以差別化。

商店的經營者絕對不可以抱著「關起門來，埋頭苦幹」的保守心態，更不可以因為輕敵而對競爭店的作為視而不見，抱持鴕鳥心態，以為把頭埋在沙子裡，就可以躲過一劫了；也不可以抱著「輕敵」、「主觀」的心態，對競爭店的調查敷衍了事，或把對方的優缺點不客觀地予以忽視或誇大。不正確的做法都將使自店涉險而不自知，反之以實務的態度瞭解真相，縱使處於弱勢，在日後將介紹的「藍徹斯特戰略」的引導下，仍可做重點的發揮，積小勝為大勝！

綜合上述，商店的基本戰力可分為：

1.立地力

2.店舖力

3.商品力

4.服務力

5.銷售力

表10-5　本店與競爭店形象的調查比較表

調查店					比競爭店優者			與競爭店相同	比競爭店劣者		
調查日期		年　月　日			極優	優	稍優		稍劣	劣	極劣
調查員											
店舖面	1.立地調查										
	2.賣場面積										
	3.店頭訴求										
	4.賣場氣氛										
	5.店內設備										
商品面	1.商品豐富感										
	2.蒐集的齊全性										
	3.品質的良窳										
	4.商品流行性										
	5.價值感適應性										
服務面	1.商品POP說明										
	2.服務親切感										
	3.販賣人員能力										
	4.店內清潔感										
	5.待客的設備										
特別記載事項	店舖面										
	商品面										
	服務面										
備註											

5 優良商店作業規範（GSP）認證

　　政府推廣「優良商店作業規範（GSP）認證」的主要目的，是要建立一個高品質的商業服務環境，並期藉認證活動給予商店業者的肯定，進而促其強化商店服務品質、改善經營管理體質、建立商店品保制度，以塑造安心、信賴、滿意的優質消費環境，讓消費大眾產生對優良商店的歸屬感及品質保證的形象。

　　目前國內有許多認證制度，如針對產品認證的正字標記、S-MARKCAS及食品的GMP，或對管理系統認證的ISO-9000及ISO-14000等；而「優良商店」（GSP）是特別針對販賣商品或提供服務的商店，給予GSP品質保證認證，讓產業及服務業皆有規範。由於我國服務業產值占國內生產毛額比例已超過60%，此意味著服務業時代的來臨，而服務水準的提升，關係著競爭力的強弱，所以「優良商店」（GSP）的推廣，有助於服務水準的提升。

一　GSP優良商店作業規範

　　GSP是Good Store Practice的縮寫，也是優良商店作業規範的簡稱，為經濟部邀集相關政府單位，如消保會、公平會、衛生署、營建署、消防署、環保局、觀光局、工業局、縣市政府建設局及商業、消保團體，組成「經濟部優良商店作

業規範推行會報委員會」，制定一套商店經營規範，供業者遵循，並對符合標準的商店，給予公開授證並統籌推行的活動。

「優良商店」（GSP）是指中華民國境內合法登記，並領有營利事業登記證之從事買賣或服務提供等商業交易行為，且具有營業場所之商店，符合GSP通專則規定，並經文件初審，現場評核，送推行會報委員會通過資格核定，完成簽約授證者。推行至今，已開放十五業別，並有六百餘店家獲證。

目前新修訂之作業規範通則適用於所有商店，專則則依個別行業之特性不同及實際需要而訂。通專則主要架構為：

1. 商店建築與周圍環境。
2. 設備與機具。
3. 營業場所環境與衛生。
4. 安全管理。
5. 營運管理。
6. 服務品質管理。
7. 人力資源管理。
8. 商品管理。
9. 文件及記錄管理。
10. 內部品質稽核。
11. 依行業特性制訂之專則，如護膚美容業，著重於相關設備與機具；餐飲業，重於食品的衛生管理；便利商店業，著重於商品管理等。通過認證的商店，除了獲頒GSP標章外，仍需接受每年一次現場評核員的定期追蹤管理與隱形消費者的不定期追蹤管理，作為資格存續及續約之判定，其中有關消費者保護、衛生、消防、安全、建管、員工教育訓練，均列為追蹤管理的主要項目；另外，商家對顧客申訴也須做明快完善的處理。

表10-6

目前開放申請GSP業別	認證連鎖總公司	認證店家數	較知名店家
便利商店業	2	251	統一、全家、OK便利、萊爾富等
鞋零售業	1	21	阿瘦企業、尚智運動鞋
快速沖印業		13	銀箭
糕餅零售業	1	35	禮坊、大黑松小倆口
餐飲業	3	27	華新餐旅、鄧師傅滷味
理髮美髮業	2	99	曼都、麗的國際
護膚美容業	1	119	自然美、耶律琳
超級市場業	2	15	中日超商、美村生鮮、臺北農產運銷
茶零售業		46	天仁茗茶
通訊、資訊及家電零售業		3	全國電子
服飾零售業			*待評核中
婚紗攝影業		3	米蘭、巴黎婚紗
書籍文具教育用品零售業		9	何嘉仁書局
合計	12	641	

90年開放申請GSP業別
家廚衛寢燈具及室內裝設品零售業
雕刻手工藝品零售業
首飾及貴重金屬零售業
洗衣業
花卉園藝零售業
運動用品器材零售業
鐘錶零售業
食品零售業

二　GSP認證制度

　　GSP認證制度是分期分業方式實施，由商店業者自發性參加。就美、日、星等國家而言，商店認證是由民間團體自動自發性地規劃執行；而目前我國是由經濟部商業司規劃輔導。

　　GSP認證計畫一直協助商店經營者建立內部品保稽核，以達成「環境好」、「衛生好」、「制度好」、「服務好」、「經營好」五好的要求，並能共創「安心」、「信賴」、「滿意」之三贏。為推動認證作業的執行及追蹤管理，由各具有衛生、環保、建管、消防、經營管理、消保意識等相關專長之人士，組成「評核執行小組」，做臨店現場評核及每年一次的定期追蹤管理與隱形消費者的不定期追蹤管理。

　　GSP品保系統的建構，是依管理者的經營理念，配合顧客需求、政府法令及服務標準，訂定實施策略，並據以制定目標。

　　GSP優良商店的基本條件，商店必須備有營利事業登記證及安全合法經營的賣場，並通過安全、衛生等通專則評核標準，才可取得GSP優良商店認證的資格。一般消費者或店家對GSP的真義，尚處懵懂階段，甚至將GSP與ISO混為一談，其實雖同為品保系統，但精神卻大異其趣。目前國內在管理概念中，有幾項與業者相關，GSP（Good Store Practices）的概念可以推展到其他環節，如實驗室的管理方面，有GLP（Good Laboratory Practices）；在產品製造方面，有GMP（Good Manufacturering Practices）；對產品使用規範上，有GUP（Good Using Practices）。GSP是針對商店、供銷、服務

的品質保證系統。

　　GSP與ISO都是業者自願性的申請認證，但二者不同的是：ISO的作業規範，是由業者依需要自行訂定作業規範內容，也就是說，不同的公司雖然同樣取得ISO-9002認證，但內容會因各公司的條件不同而有所差異；GSP則由政府明確訂定通專則規範，申請的業者務必符合才能通過認證。

　　GSP的精神更重要的是業者本身要依合法性做到制度的建立，制度性可用於商店實施GSP時的整體管理架構，標準性則可摘錄直接用於店內各項作業程序或作業標準之規定中；而ISO則無此轉換及適用之機能。

第十一章

資料採礦

CHAPTER 11

1 資料採礦的概念

一 資料採礦的意義

在過去，資料來源傳統上以調查、實驗、觀察為主，資料量小，著重統計分析；今日，企業資料庫資料量大，因此，「資料採礦」應運而生。

在過去，由於人們計算、歸納的能力不足，龐大的歷史資料往往無法妥善加以再利用；但是在今日，資訊科技的快速發展，電腦運算能力進步及資料庫的普遍使用下，無論是政府組織或民間企業，均可透過電腦科技快速地在累積龐大資料的資料庫中，挖掘出許多重要性的資訊。可以看出，資訊系統在巨量資料處理和運算等功能上，近年來有非常顯著的突破與進步。而「資料採礦」（Data Mining）亦被稱為「資料挖掘」，即藉由此種資料處理與運算能力，在人們可以掌握到的大量資料中進行搜尋，並更進一步地擷取出隱藏於資料庫中有價值、有意義之資訊與知識，如趨勢（Trend）、特徵（Pattern）及相關性（Relationship）等。換言之，「資料採礦」能提供的「智慧型資料分析」，將可讓我們透過對資料內容本質的瞭解，進而充分且有效地解決所面對的各種問題。

資料係企業寶貴的資產，資料採礦是一種資料轉化的過

程，將沒有組織的數字與文字集結的資料，轉換為資訊，再轉為知識，最後才產生決策。

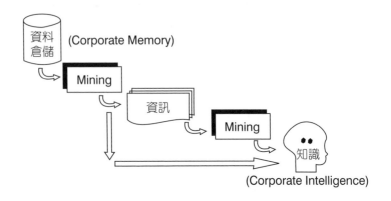

基本上，Data Mining涵蓋了六種領域：

· Database Systems, Data Warehouses, OLAP
· Machine Learning
· Statistical and Data Analysis Methods
· Visualization
· Mathematical Programming
· High Performance Computing

二 統計與資料採礦的關係

· 硬要區分統計與資料採礦，是沒有太大意義的。
· 同樣都是由資料中尋找有用的訊息。
二者相異處如下：

(一)統計

1. 先有假設。

2. 蒐集資料。

3. 分析資料。

4. 做出最佳結論。

(二)DM

1. 先有資料。

2. 分析資料。

3. 找出適當的假設。

4. 實際應用。

表11-1　Data Mining與Statistics方式的比較

	資料採礦	統計方法
對分析資料屬性定義清楚	必須	必須
對解決問題目標明確	必須	必須
研究假設	做了才知道	必須
提供分析演算法	統計分析方法、人工智慧決策樹、類神經網路	統計分析方法
模式建立	提供多種模型，可以在短時間內決定合適者	需要分析者逐步分析變數重要性，模式才能建立
可以預期分析結果	不可以	可以
執行方式	不斷循環與修正的過程	可以問題為導向，相關問題通常只需分析一次

資料來源：江志民，《談統計與資料採礦》。

Barry and Linoff（1997）認為：

‧ 分析報告給你後見之明（Hindsight）。

‧ 統計分析給你先機（Foresight）。

‧資料採礦給你識見（Insight）。

現今的資料庫中，儲存的資料筆數已大到令人無法想像，通常會遇到下列問題：

1. 巨量的紀錄（Cases）（$10^{18} \sim 10^{12}$ Bytes）。

2. 高維的資料（Variables）（$10 \sim 10^4$ Attributes）。

3. 蒐集到的資料只用一小部分來分析（5% to 10%）。

4. 資料蒐集與儲存的過程中，本身並不具有延伸性的探討特性，導致常常忽略其未來潛在的重要性。

5. 資料的維度增加傳統分析技術的難度。

從1990年代起，資料探勘已廣泛且成功地被用在市場調查、行銷分析研究、經營決策分析、製造工程控制、生物科技研究等領域。目前企業組織已廣泛運用資料探勘技術，從企業既有的交易資料、顧客基本資料等企業營運資料，擷取出有意義的資訊，並提出處理流程、解決問題，以達到企業永續經營的目的。

三　Data Mining的優點

‧可應用在很多的領域，像是財務、行銷、銀行、通訊、製造業等。

‧可找出特別的資訊，但若對訊息加以瞭解，必定可以增加企業的競爭力。

‧沒有版權問題。

2　資料採礦的步驟

一　資料採礦的步驟

　　所謂「資料採礦」（Data Mining），就是從資料中發現資訊或知識，也有人稱之為「資料考古學」、「資料樣型分析」或「功能相依分析」，目前已被許多研究人員視為結合資料庫系統與機器學習技術的重要領域，許多產業界人士也認為此一領域是一項增加各企業潛能的重要指標。這個領域蓬勃發展的原因，是由於現代的企業體經常蒐集了大量的資料，其中包括市場、客戶、供應商、競爭對手及未來趨勢等重要資訊，但資料超載與無結構化，使得企業決策單位無法有效地利用現有的資料，甚至於使決策行為因無正確資訊可供參考而產生混亂與誤用。如果能透過「資料採礦」的技術，從巨量的資料庫中，發掘出不同的資訊與知識出來，作為決策支援之用，必定能夠產生企業的競爭優勢。

　　「資料採礦」既然可以增加企業智慧、提升企業競爭優勢，那麼到底應該如何進行呢？根據Fayyad（1996）的研究中，提出一個參考的進行步驟如下：

Step 1：理解資料與進行的工作。

Step 2：獲取相關知識與技術。

Step 3：融合與查核資料。

Step 4：去除錯誤或不一致的資料。

Step 5：發展模式與假設。

Step 6：實際資料挖掘的工作。

Step 7：測試與檢核所挖掘的資料。

Step 8：解釋與使用資料。

從上述八個步驟看來，「資料採礦」牽涉大量的規劃與準備；而從其他的文獻得知，專家聲稱80%的過程花在準備資料階段，這包括了表格的合併與可能相當大量的資料轉換過程，表11-2比較了傳統作業系統與資料採礦系統。

表11-2　傳統作業系統與資料採礦系統的比較

傳統作業系統	資料採礦系統
1.利用近期但過去的資料，以為營運準則	1.分析即時與歷史資料，以決定未來的行動方針
2.可預見與周期性的工作流程	2.依照商業與市場需要而有不可預知的工作流程
3.遍及企業的資料限制	3.愈多資料、結果愈好
4.重視企業外在而非客戶（如會計、財務資料等）	4.重視可付諸行動的事物（如產品、客戶、銷售區域等）
5.資料的記錄系統	5.資料的拷貝系統
6.描述性	6.創造性

資料來源：Berry & Linoff（1997）

「資料採礦」只是知識發現過程的一個步驟而已，而達到這個步驟前還有許許多多的工作要完成。Pieter & Dol（1996）認為企業界實際發展資料採礦時，效能並不如預期，因為有許多因素影響，如不充足的教育訓練、不適當的支援工具、資料的無效性、過於豐富的樣型、多變與具時間性的資料、空間導向資料、複雜的資料型態、資料的衡量性。這說明資料與知識發掘是一項資訊豐富性的工作，面對

易變的環境，沒有現成的模式馬上可用，如資料取捨、實體關係性、數量多寡、複雜性、資料品質、可取得性、變遷、專家意見等因素，才能做好「資料採礦」工作。

二 資料採礦的功能

根據Fayyad等人的說法，KDD的定義為：「由資料中發現並確認有效、未知的、並具有使用潛力的趨勢的一個過程。」因此，KDD的流程為：「先理解要應用的領域、熟悉相關的知識；接著建立目標資料集，並專注所選擇之資料子集；再從目的資料中做前置處理，去除錯誤或不一致的資料；然後做資料簡化與轉換工作；再由資料挖掘的技術過程，成為一個一個的模型，做迴歸分析或是找出分類型態；最後再經由解釋／評估之後成為有用的知識。」以上所述的程序呈現一個循環、一直重複的關係，最後才得到一些有用的知識。

在Pieter & Dolf（1996）的研究中，則認為 KDD的過程包括了：「Data Selection、Data Cleaning、Enrichment、Codeing、Data Mining、Reporting、Conclusion。」所以，我們瞭解「資料庫知識發掘」是一連串的程序，而「資料採礦」只是其中的一個步驟而已。簡而言之，「資料庫知識發掘」是一種知識發現的一連串程序，而「資料採礦」只是KDD的一個重要的程序，它們最終的目的即是為組織取得決策支援所需的資訊，這個資訊是突破盲點、能發現人所未見的知識和訊息，能替組織取得競爭優勢。

Pieter & Dolf（1996）指出，由於在資料庫中隱藏了許多重要的資訊，所以「資料採礦」並不是唯一去研究這些資訊

的方法；事實上，有很多各類的工具可以應用在不同的企業或非商業目的。以下是「資料採礦」常用的工具：

1. Query Tools
2. Statistical Techniques
3. Visualization
4. Online Analytical Processing（OLAP）
5. Case-based Learning（K-nearst Neighbor）
6. Decision Trees
7. Association Rules
8. Neural Networks
9. Genetic Algorithms

而根據不同的工作目標，也有比較適合的使用工具，如圖11-1所示：

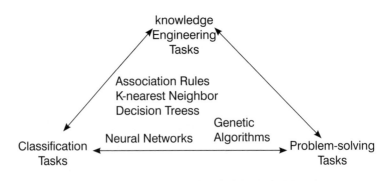

圖11-1　資料採礦技術與解決問題圖

資料來源：Pieter & Dolf（1996）

「資料採礦」主要包括下列幾種分析模式：分類分析（Classification Analysis）、群集分析（Clustering Analysis）、關連式法則分析（Association Rule Analysis）、序列相關分析（Sequential Pattern）、鏈結分析（Link Analysis）和時間序

列相似性分析（Time-series Similarity Analysis）等。以下將分別說明各種技術的應用領域。

㈠分類分析（**Classification Analysis**）

是從已知類別的物件集合中，依據其屬性（可能影響物件類別的變數）建立一個分類模式（如決策樹或決策法則）來描述物件屬性與類別之關係，然後再根據這個分類模式對其他未經分類或是新的資料做預測。

㈡群集分析（**Clustering Analysis**）

係指所有的物件或資料分成若干群集的過程，也就是根據物件間的相似性（或不相似性），將所有的物件分成若干個群集，使得每個群集內的物件具有高度的相似性，而不同群集間具有高度的不相似性。群集分析的目的，是要把群集與群集間的差異找出來，同時也要將群集中物件的相似性找出來。「群集分析」是屬於非監督型學習的方式，使用者只須提供學習的學習資料組，系統必須自行發掘物件間的相似性和其他特性（如最佳群集數），以便建立模式和群集描述，作為未分群資料自動歸類的依據。

㈢關連法則分析（**Association Rule Analysis**）

先蒐集一組事件紀錄，每一事件紀錄包含若干資料項目，再利用連結分析的方法在各紀錄中找出資料項目的「關連法則」（Association Rule），即是要找出在某事件或是資料中會同時出現的現象或事件，此種關連的表示可能是正向、也有可能是負向，正向的表示屬「互補」關連，負向的表示屬「互斥」關連。藉由這些消費者購物行為分析，業者可以調整貨架上的擺設位置，或調整存貨與訂單數量，進而

設計促銷活動，以期更有效地銷售貨品。

㈣序列相關分析（Sequential Pattern Analysis）

序列相關分析的目的在於分析某些事物的發生，具有時間順序上的相關現象，如分析顧客的長期購買行為，也就是從「一段時間」的資料中，找出物品交易的相關性、相依性。經由長期分析購買者行為，業者可據以調整存貨與訂單數量，進而向已購買第一種產品的顧客促銷與其具有「相依性」的產品。

㈤鏈結分析（Link Analysis）

係針對具有「鏈結性」的資料，將這些資料以節點及鏈結表達，並根據此鏈結圖形，找尋具有某種特性之資料或此鏈結圖形所隱含的特性。如美國電信業者鏈結分析與資料屬性（傳真之號碼通常只有傳真給另一個傳真號碼），找出專用傳真的號碼及語音、傳真共用之號碼，據以行銷或提高服務品質。

㈥時間序列相似性分析（Time-series Similarity Analysis）

所謂「時間序列曲線」（Time-series Sequence）是指一連串實數所組成的紀錄，而每個實數表示某一時間點所對應到的數值。也就是時間序列相似性分析的目的，是從時間序列的資料中，找出和某一特定資料相似的時間序列。探索時間序列型態資料（Time-series Patterns）的相似性關係，可用來偵測事件或者預測未來的行為發展，如找出股價運行模式相當接近的股票、去年銷售模式雷同的商品、比較過去成長模式預測企業未來的發展等。

3 資料採礦的運用

Data Mining的十種分析方法，列述如下：

一 記憶基礎推理法

記憶基礎推理法（Memory-Based Reasoning, MBR）最主要的概念，是用已知的案例（Case）來預測未來案例的一些屬性（Attribute），通常找尋最相似的案例來做比較。

「記憶基礎推理法」中有二個主要的要素，分別為「距離函數」（Distance Function）與「結合函數」（Combination Function)。「距離函數」的用意，在找出最相似的案例；「結合函數」則將相似案例的屬性結合起來，以供預測之用。「記憶基礎推理法」的優點是它容許各種型態的資料，這些資料不須服從某些假設；另一個優點是其具備學習能力，它能藉由舊案例的學習來獲取關於新案例的知識。較令人詬病的是它需要大量的歷史資料，有足夠的歷史資料方能做良好的預測。此外，「記憶基礎推理法」在處理上亦較為費時，不易發現最佳的「距離函數」與「結合函數」。其可應用的範圍包括欺騙行為的偵測、客戶反應預測、醫學診療、反應的歸類等方面。

市場購物籃分析

「市場購物籃分析」（Market Basket Analysis）最主要的目的，在於找出什麼樣的東西應該放在一起。商業上應用，在藉由顧客的購買行為，來瞭解是什麼樣的顧客及這些顧客為什麼買這些產品，找出相關的聯想（Association）規則。企業藉由這些規則的挖掘，獲得利益與建立競爭優勢。舉例來說，零售店可藉由此分析，改變置物架上的商品排列或是設計吸引客戶的商業套餐等。

「市場購物籃分析」基本運作過程包含下列三點：

1.選擇正確的品項：這裡所指的「正確」，乃是針對企業體而言，必須要在數以百計、千計品項中選擇出真正有用的品項出來。

2.經由對「共同發生矩陣」（Co-occurrence Matrix）的探討挖掘出聯想規則。

3.克服實際上的限制：所選擇的品項愈多，計算所耗費的資源與時間愈久（呈現指數遞增），此時必須運用一些技術，以降低資源與時間的損耗。

「市場購物籃分析技術」可以應用在下列問題上：

1.針對信用卡購物，能夠預測未來顧客可能購買什麼。

2.對於電信與金融服務業而言，經由「市場購物籃分析」，能夠設計不同的服務組合，以擴大利潤。

3.保險業能藉由「市場購物籃分析」偵測出可能不尋常的投保組合並作預防。

4.對病人而言，在療程的組合上，「市場購物籃分析」能作為是否這些療程組合會導致併發症的判斷依據。

三 決策樹

「決策樹」（Decision Trees）在解決歸類與預測上有著極強的能力，以法則的方式表達，而這些法則則以一連串的問題表示出來，經由不斷詢問問題，最終能導出所需的結果。典型的決策樹，頂端是一個樹根，底部有許多的樹葉，將紀錄分解成不同的子集，每個子集中的欄位可能都包含一個簡單的法則；此外，決策樹可能有著不同的外型，如二元樹、三元樹或混和的決策樹型態。

四 基因演算法

「基因演算法」（Genetic Algorithm）學習細胞演化的過程，細胞間可經由不斷地選擇、複製、交配、突變產生更佳的新細胞。「基因演算法」的運作方式也很類似，必須預先建立好一個模式，再經由一連串類似產生新細胞過程的運作，利用「適合函數」（Fitness Function）決定所產生的後代是否與這個模式吻合，最後僅有最吻合的結果能夠存活。這個程式一直運作，直到此函數收斂到最佳解。「基因演算法」在群集（Cluster）問題上有不錯的表現，一般可用來輔助「記憶基礎推理法」與「類神經網路」的應用。

五　群集偵測技術（Cluster Detection)

　　這個技術涵蓋範圍相當廣泛，包含「基因演算法」、「類神經網路」、統計學中的「群集分析」都有這個功能。它的目標是找出資料中以前未知的相似群體。在許許多多的分析中，剛開始都運用到「群集偵測技術」，以作為研究的開端。

六　鏈結分析（Link Analysis）

　　是以數學中之「圖形理論」（Graph Theory）為基礎，藉由記錄之間的關係發展出一個模式，是以「關係」為主體，由人與人、物與物或人與物的關係，發展出相當多的應用。如電信服務業，可藉鏈結分析蒐集到顧客使用電話的時間與頻率，進而推斷顧客使用偏好為何，提出有利於公司的方案。除了電信業之外，愈來愈多的行銷業者亦利用「鏈結分析」做有利於企業的研究。

七　線上分析處理

　　嚴格說起來，「線上分析處理」（On-Line Analytic Processing, OLAP）並不算特別的一個資料採礦技術，但透過線上分析處理工具，使用者能更清楚地瞭解資料所隱藏的潛在意涵。如同一些視覺處理技術一般，透過圖表或圖形等方式顯現，對一般人而言，感覺會更友善。這樣的工具，亦能補助將資料轉變成資訊的目標。

八 類神經網路（Neural Networks）

是以重複學習的方法，將一串例子交替學習，使其歸納出一足以區分的樣式。若面對新的例證，神經網路即可根據其過去學習的成果歸納後，推導出新的結果，乃屬於「機器學習」的一種。資料採礦的相關問題也可採類神經學習的方式，其學習效果十分正確並可做預測功能。

九 區別分析

當所遭遇問題的因變數為定性（Categorical），而引數（預測變數）為定量（Metric）時，「區別分析」（Discriminant Analysis）為一非常適當之技術，通常應用在解決分類的問題上面。若因變數由二個群體所構成，稱之為「雙群體－區別分析」（Two-Group Discriminant Analysis）；若由多個群體構成，則稱之為「多元區別分析」（Multiple Discriminant Analysis, MDA）。

1.找出預測變數的線性組合，使組間變異相對於組內變異的比值為最大，而每一個線性組合與先前已經獲得的線性組合均不相關。

2.檢定各組的重心是否有差異。

3.找出哪些預測變數具有最大的區別能力。

4.根據新受試者的預測變數數值，將該受試者指派到某一群體。

十　羅吉斯回歸分析

　　當區別分析中群體不符合常態分配假設時，「羅吉斯回歸分析」（Logistic Analysis）是一個很好的替代方法。「羅吉斯回歸分析」並非預測事件（Event）是否發生，而是預測該事件的機率。它將引數與因變數的關係假定是S形的形狀：當引數很小時，機率值接近為零；當引數值慢慢增加時，機率值沿著曲線增加，增加到一定程度時，曲線斜率開始減小，故機率值介於0與1之間。

4　實例研討

範例1　英國Safeway

㈠公司簡介

　　英國Safeway的年銷售量超過一百億美金，旗下的員工接近七萬名，是英國第三大的連鎖超級市場。

㈡遭遇問題

　　在英國市場運用傳統的技術，如更低的價位、更多的店面，以及更多種類的產品，競爭已經愈來愈困難了。

(三)問題確認

必須以客戶為導向，而非以產品與店家為導向。

1. 必須瞭解六百萬客戶所做的每一筆交易，以及這些交易彼此之間的關連性。

2. 英國Safeway想要知道哪些種類的客戶買了哪些種類的產品以及購買的頻率，以建立「個人導向的市場」。

(四)資料來源

公司開始發信用卡給客戶，客戶用這種信用卡結帳可以享受各種優惠，這種信用卡就成為該公司在五百家店面蒐集六百萬客戶資料的「網」。

(五)使用工具

1. 使用IBM Intelligent Miner，從資料中萃取商業知識。

2. 根據客戶的相關資料，將客戶分為一百五十類；再利用Association的技術來比較這些資料集合，然後將列出產品吸引力的清單。

(六)找出模式

由於Data Mining的貢獻，我們找出了超過人類概念範圍的關連性。

1. 發現某一種乳酪產品雖然銷售額排名第209，可是消費額最高的客戶中有25%都常常買這種乳酪。

2. 發現在二十八種品牌的橘子汁中，有八種特別受到歡迎。因此，該公司得以重新安排貨架的擺設，使得橘子汁的銷量能夠增加到最大。

3. 在瞭解客戶每次採購時會購買哪些產品以後，就可以利用Data Mining中的Sequence Discovery的功能，以偵測出

長期的經常購買行為。

4. 將這些資料與主資料庫的人口統計資料結合在一起，Safeway的行銷部門就可以根據每個家庭的「弱點」，也就是在哪些季節會購買哪些產品的趨勢，發出郵件。

範例2　UltraGem公司

1. 在舊金山創立的UltraGem公司，一直和一家不具名的銀行共同預估可調利率抵押貸款的獲利率。

2. UltraGem的軟體，先分析十萬筆以上的貸款紀錄。

3. 資料的範圍包括：顧客的年齡和郵遞區號、貸款的來源，以及此次貸款是否從前一次的貸款轉換而來。

4. 結果：產生了一組規則，這組規則可辨識出可能是最高獲利率的貸款申請。

5. 這些結合各種變項而產生的規則，「是人類智慧無法計算出來的」，UltraGem董事長Steven A.Vere如此說道。現在，該銀行能夠預測諸如誰能提早還款、誰可能拖延付款等因素，而藉此調整不同的利率與手續費。

參 考 文 獻

一、中文部分

1. 中華電信研究所，「網路問卷e點靈，http://qqq.cht.com.tw/webform/index.htm」。

2. 王美鴻，「疊慧法：以圖書館與資訊科學的應用為例」，圖書與資訊學刊，23期，pp.45-60，1997。

3. 王永勝，我國蠶絲織業之未來發展方向──分析層級程序法之應用，國立中山大學企業管理研究所碩士論文，1985年6月。

4. 朽木，快速架站寶典：XOOPS架站機中文版，上奇科技，2002。

5. 呂執中，電子化策略與經營模式，McGraw-Hill/lrwin，2001。

6. 林志隆，台灣B2C電子商務經營與成功模式分析，國立臺灣大學國際企業學研究所碩士論文，2003。

7. 林豪鏘，電子商務：ERP, SCM, CRM到協同商務，旗標，2003。

8. 林震岩、賴宏誌，電子商務成功經營模式：B2C篇，華泰，2001。

9. 張一帆，全球資訊網與傳播調查研究──調適性電子問卷系統之設計與發展，國立交通大學傳播研究所碩士論文，1997。

10. 張宜慶，電腦網路德菲研究系統之建構及其可行性研究，國立交通大學傳播研究所碩士論文，1998。

11. 陶振超，台灣地區全球資訊網（WWW）使用者調查，國立交通大學傳播研究所碩士論文，1996。

12. 游立光，網站設計與實用性評估之研究，東吳大學企業管理學系碩士論文，1996。

13. 黃添進，網路問卷調查可行性評估研究，國立臺北大學統計學系碩士論文，2000。

14. 楊和炳，臺灣茶葉銷日之研究，臺灣銀行季刊，第三十六卷第三期，1985年9月出版。

15. 楊和炳，臺灣茶葉市場結構之研究，華泰圖書公司，1985年5月出版。

16. 楊美雪，網路非實體電子童書評鑑規準之研究，教學科技與媒體，62期，pp.16-25，2005。

17. 經濟部，網際網路商業應用計畫，1999。

18. 經濟部技術處發行，我國電子商務市場發展現況與趨勢分析，2001。

19. 經濟部商業司，B2C營運模式研究及重要契約類型規範報告，2001。

20. 經濟部商業司，商業電子化策略規劃，2001。

21. 戴國良，行銷策略：分析與實務，五南，2003。

22. 蘇蘅、吳淑俊，電腦網路問卷調查可行性及回覆者特質的研究，新聞學研究，54期，pp.75-100，1997。

二、英文部分

1. Afuah Allan, Christopher L. Tucci, Internet Business Models and Strategies:Text and Cases. McGraw-Hill, 2001.

2. Aiken, Lewis R, Questionnaires and inventories: surveying opinions and assessing personality. New York: J. Wiley, 1997.

3. Atkin, D., LaRose, R., "Profiling call-in poll users," Journal of Broadcasting & Electronic Media, 38(2): 217-227,1994.

4. Armstrong, Jon Scott, Principles of forecasting: a handbook for researchers and practitioners. Boston, MA: Kluwer Academic, 2001.

5. Booth, P. A., "An Introduction to Human-Computer Interface," LEA Ltd., U. K., 1989.

6. Chou, C., "Computer networks in communication survey research," IEEE Transactions on Professional Communication, 40(3), 1997.

7. Dalkey, N. C., "The Delphi Method: An Experimental Study of Group Opinion. Santa Monica," CA: Rand, 1969.

8. Goyder, J., "The Silent Minority. Boulder," CO: Westview, 1987.

9. Holden, M. C., Wedman, J. F.,"Futures issues of computer-mediated communication: The results of a delphi study," Educational Technology Research and Development, 41(1): 5-24, 1993.

10.Parker, L., "Collecting data the e-mail way," Training and Devel, 52-54, July, 1992.

11.Pitkow, J. E., Recker, M. M., "Using the web as a survey tool: Results from the second WWW user survey," Computer Network and ISDN Systems, 27(6), 809-822, 1995.

12.Rappa, M., Business Model on the Web. 2000.

13.Riggs, W., "The delphi technique: An experimental evaluation. Technological Forecasting and Social Change," 23: 89-94, 1983.

14.Rosenfeld. L., Morville. P., Information Architecture for the World Wide Web, California; Oreilly, 1997.

15.Schuldt, B., Totten, J. W., "Electronic mail vs. Mail survey response rates," Marketing Research, 5(3), 32-39,1994.

16.Sproull, L., "Using electronic mail for data collection in organizational research," Academy of Management Journal, 29(1): 159-169, 1986.

17.Theodore Jay Gordon, "The Delphi Method 33p. summary paper," 1994. http://www.futurovenezuela. org/_curso/5-delphi. pdf.

國家圖書館出版品預行編目資料

市場調查／楊和炳著.
--四版.--臺北市：五南, 2008.09
面；　公分
ISBN 978-957-11-5177-9（平裝）
1.市場調查
496.3　　　　　　97005314

1F31
市場調查

作　　者－楊和炳(316.3)
發 行 人－楊榮川
總 經 理－楊士清
總 編 輯－楊秀麗
主　　編－侯家嵐
責任編輯－吳靜芳　劉芸蓁
封面設計－盧盈良
出 版 者－五南圖書出版股份有限公司
地　　址：106台北市大安區和平東路二段339
電　　話：(02)2705-5066　傳　真：(02)2706
網　　址：http://www.wunan.com.tw
電子郵件：wunan@wunan.com.tw
劃撥帳號：01068953
戶　　名：五南圖書出版股份有限公司
法律顧問　林勝安律師事務所　林勝安律師
出版日期　1988年 4 月初版一刷
　　　　　1990年10月二版一刷
　　　　　2001年 7 月三版一刷
　　　　　2008年 9 月四版一刷
　　　　　2019年10月四版七刷
定　　價　新臺幣350元